创意服装设计系列

童装设计

李　正　丛书主编

杨　妍　吴彩云　徐崔春　编著

 化学工业出版社

·北京·

本书立足于童装设计发展的新思路和实际需求，将系统理论和设计实践相结合，既涵盖了童装的专业理论、设计美学等基础知识，又从专业的角度出发，以尊重儿童、引导儿童的审美、保护儿童的健康为目的，细致地阐述各年龄段儿童生理和心理特征与服装设计的关系，讨论了不同品类童装设计的要领和方法，并融入新兴的绿色童装理论概念。

本书可供童装设计人员参考，也可作为高等院校服装设计专业的教学用书，或者作为成人教育服装专业的教学参考用书，同时对服装爱好者也是一本非常实用的自学用书。

图书在版编目 (CIP) 数据

童装设计 / 杨妍，吴彩云，徐崔春编著．—北京：
化学工业出版社，2019.2（2025.2重印）
（创意服装设计系列 / 李正主编）
ISBN 978-7-122-33452-7

Ⅰ．①童… Ⅱ．①杨… ②吴… ③徐… Ⅲ．①童服 -
服装设计 Ⅳ．① TS941.716

中国版本图书馆 CIP 数据核字（2018）第 286442 号

责任编辑：徐　娟　　　　　　　　　　　　装帧设计：卢琴辉
责任校对：边　涛　　　　　　　　　　　　封面设计：刘丽华

出版发行：化学工业出版社（北京市东城区青年湖南街 13 号　邮政编码 100011）
印　　装：涿州市殷润文化传播有限公司
787mm×1092mm　1/16　印张 10½　字数 200 千字　　2025年2月北京第 1 版第 6 次印刷

购书咨询：010-64518888　　售后服务：010-64518899
网　　址：http：//www.cip.com.cn
凡购买本书，如有缺损质量问题，本社销售中心负责调换。

定　　价：68.00 元

两句话

"优秀是一种习惯",这句话近一段时间我讲得比较多,还有一句话是"做事靠谱很重要"。这两句话我一直坚定地认为值得每位严格要求自己的人记住,还要不断地用这两句话来提醒自己。

读书与写书都是很有意义的事情,一般人写不出书稿很正常,但是不读书就有点异常了。为了组织撰写本系列书,一年前我就特别邀请了化学工业出版社的编辑老师到苏州大学艺术学院来谈书稿了。我们一起谈了出版的设想与建议,谈得很专业,大家的出版思路基本一致,于是一拍即合。我们艺术学院的领导也很重视这次的编撰工作,给予了大力支持。

本系列书以培养服装设计专业应用型人才为首要目标,从服装设计专业的角度出发,力求理论联系实际,突出实用性、可操作性和创新性。本系列书的主体内容来自苏州大学老师们的经验总结,参加撰写的有苏州大学艺术学院的老师、文正学院的老师、应用技术学院的老师,还有苏州市职业大学的老师,同时也有苏州大学几位研究生的加入。为了本系列书能按时交稿,作者们一年多来都在认认真真、兢兢业业地撰写各自负责的书稿。这些书稿也是作者们各自多年从事服装设计实践工作的总结。

本系列书能得以顺利出版在这里要特别感谢各位作者。作者们为了撰写书稿,熬过了许多通宵,也用足了寒暑假期的时间,后期又多次组织在一起校正书稿,这些我是知道的。正因为我知道这些,知道作者们对待出版书稿的严肃与认真,所以我才写了标题为"两句话"的"丛书序"。在这里我还是想说:优秀是一种习惯,读书是迈向成功的阶梯;做事靠谱很重要,靠谱是成功的基石。

本系列书的组织与作者召集工作具体是由杨妍负责的,在此表示谢意。本系列书包括《成衣设计》《服装与配饰制作工艺》《童装设计》《服装设计基础与创意》《服装商品企划实务与案例》《女装设计》《服饰美学与搭配艺术》。本系列书的主要参与人员有李正、唐甜甜、朱邦灿、周玲玉、张鸣艳、杨妍、吴彩云、徐崔春、王小萌、王巧、徐倩蓝、陈丁丁、陈颖、韩可欣、宋柳叶、王伊千、魏丽叶、王亚亚、刘若愚、李静等。

本系列书也是苏州大学艺术研究院时尚艺术研究中心的重要成果。

苏州大学艺术研究院副院长　李正

2018 年 7 月 8 日

前　言

随着新政策的出台，近年来我国新生儿数量不断增多，童装行业备受关注，这为童装产业的快速发展提供了市场基础，同时也极大地刺激了童装市场的消费，加之国内童装产业发展还处于起步阶段，未来童装市场必然有更广阔的发展空间。目前，我国童装市场已进入快速成长期，销售呈直线上升趋势，这对童装设计人员也提出了更高的要求，同时也是对童装设计教学和童装设计人才培养模式的检验。

本书结合目前童装行业对童装设计者的需求，在总结前人的童装设计教育理念和教学经验的基础上，借鉴和吸收了国内外优秀的教学内容和教学模式。同时，随着服装设计比赛的增多（书中最后一章也针对童装大赛进行了讲解），服装大赛带来的效益与学校教学结合能促进专业人士更好的发展，这也是促使我们撰写《童装设计》一书的主要原因之一。

本书内容基本涵盖高等院校和高职院校服装类专业在童装设计中所涉及的范围。本书首先从童装专业基础理论展开，以服装美学知识为指导，以儿童各个时期的心理和生理特征为设计依据，突出了儿童的实际需求。接着从面料、色彩、图案、造型等方面论述了童装设计，将理论与实践紧密地结合为一体，由浅入深、循序渐进。其次，本书又分析了不同年龄段童装设计的要点，以及不同品类童装设计的要点，特别强调了层次需求与市场结合。最后，根据企业和服装大赛性质的不同，介绍了系列童装主题设计，体现了时代性和应用特色。我们力求将本书撰写成系统性、科学性、专业性高度统一的现代童装设计专业用书。

本书由杨妍、吴彩云、徐崔春编著，苏州市职业大学的张鸣艳老师、苏州大学的唐甜甜老师、苏州大学艺术学院的研究生严烨晖同学、吴艳同学、王伊千同学、张婕同学等都积极地为本书提供了大量的图片资料，花费了大量的时间和精力。本书在撰写过程中还得到了苏州大学艺术学院、苏州大学艺术研究院、湖州师范学院艺术学院以及苏州市职业大学艺术学院的领导和服装系全体教师的支持，在此表示感谢。本书在撰写过程中还参考了大量的有关著作，在书后的"参考文献"中分别予以了注明，以表示感谢。

为了高质量地完成本书，我们投入了很多的精力，先后数次召开编写会议，不断讨论与修改。但是，受时间和水平的限制，加之科技、文化和艺术发展的日新月异，时尚潮流不断演变，书中肯定还有不完善的地方，恳请专家学者对本书存在的不足和偏颇之处能够不吝赐教，以便再版时修订。

编著者

2018 年 7 月

目 录

目　录

目 录

目 录

第一章
童装设计概述

童装是指婴儿、幼儿、学龄儿童以及少年儿童等未成年人的服装。童装设计是指通过自然观察、体验发现、分析研究他人的作品等方式获取灵感，经过内在的思维活动，通过必要的手段表现在纸上，再经过比较、思考、优化，得出最后的设计方案的一个过程。童装设计是从多角度来认识和研究童装的，它侧重于讲解童装的基础知识和童装设计的基本要素。为了深入学习童装设计，必须对童装基础知识、概念、消费市场、童装设计基本法则等有一个较为系统的了解。继成人服装市场后，童装产业成为又一新生市场，它的兴起成为服装产业新的增长趋势。随着人们生活消费水平的提高，童装设计也越来越强调文化特征和童装设计意识。

童装设计不仅要掌握儿童心理和生理特征，还需要了解父母的心理，以家长般的感情去设计、塑造和美化儿童的衣着形象，让服装成为帮助儿童发育成长的保健用品和培养儿童良好生活习惯的"伙伴"，使儿童获得美的享受，感受美的陶冶。

第一节　童装的概念及其发展简史

儿童是相对特殊的群体，儿童各个年龄阶段的生长变化和心理特征是童装设计的重要依据。儿童与服装的关系密切，服装既是他们的生活必需品，也是他们亲密的"伙伴"，是儿童在不同成长阶段生理和心理诉求的外在体现。

一、童装的概念

童装即儿童服装，是指未成年人穿着的服装。包括婴儿（0～1岁）、幼儿（1～3岁）、学龄儿童（即小童）（4～6岁）、少年儿童（7～12岁）和大童（13～17岁）各年龄段儿童的着装。童装是儿童与衣服的总和，是体现儿童、服装、环境三者之间的组合关系，是未成年人着装后的一种状态。由于儿童的心理不成熟、身体发育快、变化大，好奇心强且没有完整的行为控制能力，所以童装设计更强调服装的安全性、功能性和装饰性（图1-1、图1-2）。

图1-1　强调整体童装搭配
设计（作者：计海伦）　　图1-2　强调童装安全性的
童装设计（作者：杨妍）

二、童装发展简史

18世纪末期童装设计才确立起来，在这之前的很长一段时间内，儿童的穿着就是成人服装的小型化，这并不能充分体现儿童的生理和心理特征。那时儿童的穿着与成人的款式一样，都是相同低领的衣服、裙撑和马裤。

1. 外国童装发展史

19世纪末期，西方童装开始有别于成人服装，其设计也逐渐体现了与儿童发育相适应的功能性特征。在这段时间内，童装多以手工制作为主，同时注重童装的实用性和经济性，如将衣服整体做得偏大一点，以适应儿童身体快速发育带来的变化；将童装缝制得很结实，以便传给年龄小的孩子使用（或者下一代）。同时受工业革命的影响，部分生产厂家开始生产和出售童装，但在服装款式上并没有很丰富。

第一次世界大战之后，童装业的发展紧随女装业。后来女性开始走出家庭参加社会工作无暇制作服装，童装才真正开始商业化生产和销售。同时，生产厂家抓住机遇，利用工业化技术生产出一批比家庭缝制更结实、更耐用的服装，专业机械的诞生比家庭缝制的按扣、拉链更先进，还能完成许多工人无法实现的工艺，工艺技术的提升和大规模的生产从另一方面也促进了童装业的发展。第一次世界大战后，生产厂家开始将童装的尺码标准化，童装的发展又向前迈进了一大步。起初童装的尺码很简单，伴随着童装种类和细分的出现，发展成了分类齐全的号型系统。

20世纪40年代，电影和录音机开始走进美国人的生活，许多家长开始模仿电影中的明星来装扮自己的儿女，特别是青少年，他们拥有一定的审美意识，并注重自己的外表形象，于是尝试把自己打扮得像自己崇拜的电影、音乐明星。50年代，电视进入美国家庭，引起了童装业的巨大变革，孩子们喜欢看电视也喜欢看广告，适合不同年龄的电视节目可以帮助每个年龄段的观众了解流行的服装款式。不论是学龄前的儿童电视教育节目还是后来风靡全球的米老鼠俱乐部，都成了当时孩子和家长追求的着装打扮模仿对象。美国洛杉矶地区的服装生产厂家和零售商，借用电视带来的效应，开始不断地扩大童装市场。

21世纪，现代高科技技术的应用进一步促进了童装业的发展，计算机辅助操作系统让童装设计中某些部分实现了自动化、机械化生产。对生产商而言，计算机和互联网可以帮助他们对童装的流行趋势做出更快的反应，他们在网络上寻找全球合作商（面料厂家、生产厂家、零售商等），不断扩大自己的市场，同时也不断刺激着童装业的发展。如今，童装最基本的要求已不再是原始的驱寒保暖，而是童装的时尚化（图1-3）。社会发展不断为童装设计提出新的要求，并且体现在许多著名童装设计师的设计作品中，不过童装设计必须从商业的角度去看，童装业要有时尚感但并不是完完全全的时尚化，在设计中既要注重童装的个性表达也要注重其文化内涵（图1-4）。

2. 中国童装发展史

从严格意义上讲，中国古代儿童的着装仅仅只是成人衣服的缩小版，或是父母为保佑孩子健康而制作的小马甲、小马褂等（图1-5），这些都不能体现童装设计的概念。中国童装是从20世纪30年代洋装进入中国后，伴随着近代服饰发展而诞生出来的，是中外服饰结合的产物。由于中国童装业起步较晚，对儿童生理、心理缺乏科学的研究，造成童装设计更多的是注重御寒、遮羞、保暖等功能，以至于一件衣服长者穿完幼者接着穿。早期的童装季节性不强，时代感薄弱，色彩暗淡、款式陈旧，无法体现儿童身心发育状况和童装文化思想。

图1-3 现代技术生产下的
女童装

图1-4 印有卡通图案的男
童装（作者：杨妍）

图1-5 中国古代童装

随着人们生活水平和审美能力的不断提升，童装已不再单单满足基本的实用需求。20世纪90年代以后，我国童装进入快速发展时期，家长们不断寻觅有特色、有个性、高品质的童装，此时美观大方、款式新颖、色彩明亮同时兼有安全性和舒适性的童装受到大众青睐。面对庞大的童装市场，我国的童装设计水平较发达国家而言仍有相当大的差距，我国童装设计不够人性化，成人痕迹突出，缺乏安全性以及流行性。童装需要根据不同年龄段儿童的心理和生理变化，在设计中注重童装的个性、功能性以及文化内涵的表达。现在的童装生产厂家也充分认识到了这一点，在设计中越来越关注儿童的心理、生理需求和特点，同时注重服装本身所包含的文化价值和品牌化效应，而品牌化的焦点是重建"品牌童装设计观"（图1-6）。

图1-6 巴拉巴拉品牌童装宣传图片

第二节 我国童装设计现状分析

我国童装产业越来越成熟，童装市场有广阔的潜在发展空间，也为童装企业带来巨大商机。童装设计需要了解童装市场、童装设计品牌、童装消费特征以及童装设计发展趋势等，才能紧随时代的步伐，设计出符合行业标准以及市场需求的童装。

一、童装市场前景分析

中国是一个人口大国，国家统计局数据显示，我国儿童总数占人口总数的16.6%，约占世界儿童人口的1/5，同时童装潜在消费人口总量超过4亿，市场潜力惊人。从2011年开始，新生儿数量进入高峰期，刷新了儿童人口的总数。未来10年将是新一轮生育高峰期，我国也将形成一个庞大的儿童消费市场。经济的快速发展，多元化的生活方式以及不断增长的消费需求，面对童装市场这一巨大的"蛋糕"，国内童装企业表现出异常的兴奋。

面对大好前景，我国童装市场仍存在一些问题。①国内童装品牌缺乏相应的市场竞争力。由于我国童装是由国外洋装引入而发展起来的，国外品牌一开始就占据了优势。其次，一些知名国际品牌以质量、款式、知名度等优势占据了大部分童装高档市场，和国外品牌相比，我国童装品牌在知名度、美誉度方面仍有一些差距。②童装产业结构不合理。受经济利润和销售总数的诱惑，童装企业更偏爱婴幼儿童装以及12岁以下的儿童服装，青少年的服装相对偏少。目前，随着我国童装市场的转型，童装行业出现了产品细分的现象，如一些企业专做婴儿服，另一些企业专做大童服，等等，彼此间确立不同的定位和经营特色。③童装设计跟不上流行趋势。国内企业的设计师在设计过程中，缺乏真正有文化底蕴、有传统特色的原创设计，整体流行趋势跟随着国外流行趋势前进。针对这一现象，目前国内一些院校以及企业一起联合培育了一批专业的童装设计师，在设计过程中，不仅能做到款式新颖、色彩搭配合理、面料选取适中，甚至还延伸到了产品安全性和使用性方面，但这批设计师相对国内童装企业而言数量较少。

二、童装设计品牌现状分析

市场竞争最终取决于品牌的竞争，想要创造具有自身特色并立足于市场的童装品牌，必须有针对性地对儿童市场分布的特点以及儿童消费的差异性进行分析，并结合企业的目标市场定位，把品牌自身文化优势和市场营销策略结合起来。

改革开放三十多年后，我国童装业已逐渐发展成型，但国内童装品牌参差不齐，缺乏知名品牌，大部分处在中低档层次。目前我国拥有童装企业逾万家，主要分布在广东东莞、浙江湖州、福建泉州、河南安阳、四川成都等地，且大多数在二三线城市发展，只有少部分品牌进军高端市场，目前中高端市场仍被国外知名品牌占据。在各大城市的商场中，国外童装品牌随处可见，法国艾可可（IKKS）、法国小樱桃（Bonpoint）、美国盖璞（GAP）、西班牙飒拉（ZARA）

（图1-7、图1-8）等国外品牌占据专柜显眼位置。受一些传统思想的影响，仍有部分家长愿意花高价钱购买国外品牌童装，也不愿花低价钱购买国产品牌童装，这其中一部分是因为国外童装品牌效应带来的身份象征，另一部分是国产儿童服饰的质量问题影响了童装品牌的发展。

图1-7　某品牌女童装设计

图1-8　某品牌男童装设计

　　国外的品牌刺激了我国童装企业的苏醒，近两年我国童装产业发展迅速，目前，我国童装企业的品牌意识和知识产权保护意识逐渐加强，进一步扩大了原创童装品牌的社会影响力。从2010年起，中国服装协会举办了多次"中国十大童装品牌"评选活动，授予企业"中国十大童装品牌称号"。到2018年，活动已经举办了8个年头，评选活动一方面扩大了本土原创童装品牌的市场竞争力和社会知名度，为国内原创童装品牌的发展注入了新的力量和动力，进一步加快了童装业的品牌化进程，塑造了行业典范，规范了市场秩序；另一方面让消费者对本土童装品牌有了更清晰的了解和认识，同时在选购时也有了更多选择。

　　近年来我国童装品牌也在逐步转型，通过童装行业的市场性调整，新的产业结构逐步形成。一方面，许多品牌的产品线从婴儿装延伸到大童服装，拓宽品牌的生产和销售渠道，力求使儿童服饰的生产范围覆盖从婴幼儿到大童多年龄段的着装，牢牢抓住了一大批忠实消费者和回头客。另一方面，童装行业出现了产品细分现象，许多品牌在发掘自身发展趋势的同时与市场经济效益结合，通过分析消费群体的细分特征，针对某一类产品进行加工和生产，创立专业产品品牌。

三、童装消费特征分析

　　儿童因其生理和心理的特殊性而有别于成年人，因此，童装消费也有其特征。

1. 消费决定权与年龄密切相关

　　在童装消费中，婴幼儿因其心智和生理发育尚未成熟，在消费方面完全依赖于父母，没有消费决定权，全凭父母的喜爱或感觉购买。随着儿童的成长和发育，心智意识也不断增强，6~9岁的儿童个人喜好明显加重，在消费方面父母不能一面独大，许多父母会根据孩子的意见和喜好购买服装；10~13岁的儿童自主性越来越强，他们会参与购买决策，有时甚至会左右家长或家庭的购买意向；14~17岁的大童已经拥有独立自主的消费意识，也拥有服装消费决定权，在购买上大都由自己把握，消费也趋向时髦、新颖、个性化。

2. 消费动机日趋多样化

当今的消费内容和范围扩展，由过去单一的生活必需品消费逐渐向社会的、精神的、心理的消费品扩展。随着时代的发展，儿童对于衣着品位的要求越来越高，越来越注重服装功能性、个性、时髦的表达。父母在给儿童购买服装时，也不再单一考虑服装的实用性和功能性，反而更注重服装的品牌效应、服装的品质、服装的时尚感以及是否符合当下流行的生活方式。相对于国内品牌，家长和儿童更倾向于购买国外品牌，主要是这些品牌的品牌效应及所谓的时尚和个性设计。在消费上，父母和儿童也会关注服装销售时的销售态度、售后服务等，这些非服装自身的消费动机往往与其自身的生活方式息息相关，但这些也同时影响着童装消费行为和数量。随着儿童年龄的增长，求同、求美、好胜等心理上的消费动机逐渐居于主导地位，生理性的消费动机则退居次要地位。童装的陈列上要简洁明了，因为分析儿童的心理要比成人更简单一些，表现形式上更加直观些，并不需要追求太多像成人服装表现的生活内涵或者意境。

3. 服装使用周期短，穿着率高

儿童成长快、发育快，这使童装具有使用周期短的特征，童装的穿着时间普遍非常短。大小合身的当季服装到了明年就穿不下的现象比比皆是，不过随着物质条件的改善，家长也不再像以前一样在购买的时候买大几个号型，而是直接购买当季的服装。其次，随着消费结构的变化以及生产技术的提高，父母自己给孩子做衣服的现象越来越少，即便是在相对落后的农村和乡镇，父母也会选择外出购买童装，这大大提高了服装的穿着率。

单纯模仿性的消费逐步转变为个性和独立自主的消费。年龄小的儿童在穿着方面只是进行单纯的模仿性消费，而到了学龄阶段的儿童有了自主意识后，往往要求"别人有的我也要有"，这也是为什么孩子也喜欢名牌服装的原因之一，因此，市场上成人化设计的阿迪达斯和耐克的童装很畅销（图1-9、图1-10）。

四、童装设计的发展趋势分析

面对有着巨大潜力的童装市场，童装设计的发展不会是一成不变的，童装的发展趋势必然是和整个服装产业一样向着健康、舒适、时尚的形态发展。

图1-9 成人化运动童装设计

图1-10 运动风童装设计（作者：杨妍）

1. 时尚化

"时尚"一词从古就有，发展到现在早已存在于每个人的生活中，它挂在众人的嘴边，甚至可以说，时尚已经影响到人们生活的方方面面。服装设计一直在追求时尚，童装设计也不例外，时尚千变万化，时尚包罗万象。如今的童装设计已经不仅仅是满足驱寒、保暖、遮羞等基础实用功能的需求，它朝着时尚、潮流、个性、新颖的方向发展。时尚的童装设计不仅是一种美的表达，同时也是一段时间内一代人对于美的价值观的符号表现，童装设计必须紧跟时代向时尚化方向发展，才能更好地表达童装的美（图1-11）。

图1-11 童装时尚化（作者：楼雨琪）

2. 品牌化

品牌效应给服装带来的利益远远超过服装本身。就目前我国童装市场而言，国内缺乏品牌建设的意识，大都以效仿国外童装品牌形式和规模建设。一个童装品牌的设计、质量、市场、安全等要素固然重要，但更重要的仍是品牌的文化底蕴。文化底蕴是品牌的精神，企业只有塑造出独特的品牌文化，才能在市场上与其他品牌竞争。国内童装企业必须明确自己的品牌形象和市场定位，结合自身优势，充分发挥其独特的品牌文化，才能创造出属于本土民族的童装品牌，发挥更大的品牌效益（图1-12）。

3. 安全环保

高品质的生活态度是现代人对于服装安全、健康、环保高要求的体现。与过去社会相比，童装面料的选取也是消费者在购买时不得不考虑的一大重点因素，如面料是否健康，是否环保，是否呵护儿童的皮肤等。其次，服装的款式是否安全、舒适、美观也是消费者看中的方面。社会发展提升了生活的质量，也对童装的安全环保性能提出了更高的要求（图1-13）。

图1-12　民族元素的童装设计（作者：张婕）

图1-13　童装安全环保化

4. 成人化

随着"80后""90后"年轻父母的增多，近几年的童装款式明显趋向于成人化设计，童装里出现了许多模仿成人服装的设计风格，如蕾丝、吊带、低腰、小西装等成人服饰元素（图1-14）。年轻父母对时尚和个性的追求，直接影响到下一代的思想观念，使儿童的审美观也向着多样化的方向发展。

图1-14　童装成人化（作者：张译兮）

第三节　童装的分类

　　童装的分类形式较多，基于童装的基本形态、品种、用途、工艺、面料的不同，呈现出各种各样、变化万千的童装种类。不同的分类方法，导致我们对童装的称谓也不同，通常以下几种形式分类最为广泛、合理。

一、按年龄分类

　　按年龄分类是根据儿童年龄段对童装进行的划分。以年龄为阶段将儿童成长期大致归纳为四个阶段：0～1岁为婴儿年龄段，1～3岁为幼儿年龄段，4～6岁为学龄儿童年龄段，7～12岁为少年儿童年龄段，13～17岁为大童年龄段。

二、按号型分类

　　号型是依据儿童的体型特征，即按身高、腰围和胸围来进行童装的分类。在国标GB/T 1335.3—2009服装号型儿童中，为不同身高的儿童设置了不同的服装号型。其中号型是对应于儿童净尺寸的标志。"号"是指儿童身体的高度，以身高的数值为号，用作童装设计和选购时的长短参考；"型"是指儿童身体的围度，以胸围（上装）或腰围（下装）的数值为型，用作童装设计和选购时的围度参考。对具体的人而言，"号"的数值只有一个（身高），"型"的数值有两个（即上装的胸围和下装的腰围）。设计制作儿童服装时，主要以儿童的身高尺寸来区分。

　　在儿童服装号型运用中，分上装号型和下装号型，身高在130cm以下的童装号型是不分男女的。身高约52～80cm的为婴儿服装，身高（长度）以7cm分档，胸围（上装）以4cm分档，腰围（下装）以3cm分档，分别组成7·4和7·3系列（见表1-1、表1-2）；身高约80～130cm的儿童服装，身高（长度）以10cm分档，胸围（上装）以4cm分档，腰围（下装）以3cm分档，分别组成10·4和10·3系列（见表1-3、表1-4）；身高135～160cm的童装分男女标准，身高以5cm分档，胸围以4cm分档，腰围以3cm分档，分别组成5·4和5·3系列（见表1-5～表1-8）。

表1-1　身高52～80cm婴儿上装号型系列

单位：cm

号	型		
52	40		
59	40	44	
66	40	44	48
73		44	48
80			48

表1-2 身高52~80cm婴儿下装号型系列

单位：cm

号	型		
52	41		
59	41	44	
66	41	44	47
73		44	47
80			47

表1-3 身高80~130cm儿童上装号型系列

单位：cm

号	型				
80	48				
90	48	52	56		
100	48	52	56		
110		52	56		
120		52	56	60	
130			56	60	64

表1-4 身高80~130cm儿童下装号型系列

单位：cm

号	型				
80	47				
90	47	50	53		
100	47	50	53		
110		50	53		
120		50	53	56	
130			53	56	59

表1-5 身高135~160cm男童上装号型系列

单位：cm

号	型					
135	60	64	68			
140	60	64	68			
145		64	68	72		
150		64	68	72		
155			68	72	76	
160				72	76	80

表1-6 身高135～160cm男童下装号型系列

单位：cm

号	型					
135	54	57	60			
140	54	57	60			
145		57	60	63		
150		57	60	63		
155			60	63	66	
160				63	66	69

表1-7 身高135～155cm女童上装号型系列

单位：cm

号	型					
135	56	60	64			
140		60	64			
145			64	68		
150			64	68	72	
155				68	72	76

表1-8 身高135～155cm女童下装号型系列

单位：cm

号	型					
135	49	52	55			
140		52	55			
145			55	58		
150			55	58	61	
155				58	61	64

　　童装号型标志具有简洁、易记、规范和信息量大的特点。按服装号型标准规定，童装成品上必须有号型标志，其表示方法为：号的数值在前，型的数值在后，中间用斜线分割，分别表示该服装适用于身高和胸围与其号型相接近的儿童。例如，上装号型标有140/64，即表示该服装适合于身高143～147cm、腰围62～64cm的儿童穿用。童装标准号型是以中间体型为中心向两边依次递增或递减组成，设计师也是以此数据为参照，按设计的童装款式和季节要求来加放或缩小松量，完成结构纸样制作。按号型标准制作儿童成衣，可以为选购儿童服装时掌握尺寸大小提供方便。

三、按着装风貌分类

按着装风貌分类是指根据童装设计的着装印象来进行的分类。这里主要列举几种常见的童装风格，也是童装设计必须涉及的几种风格。

1. 休闲风貌

休闲风貌是指舒适、实用、轻便的着装，具有代表性的童装搭配是印花 T 恤衫和功能休闲裤。其次，运动服功能性的设计理念大量运用到这类服装之中，让儿童在舒适、自由、休闲的装扮中，体味到造型简洁的快感，也让身体健康成长。牢固的针脚、细节的变化是这类服装的特点，这类风格的服装深受儿童的喜欢，市场需求也越来越大，已成为童装市场的主流（图 1-15）。

2. 运动风貌

运动风貌是指活泼、健康、功能性很强的着装。把运动和游戏的感觉引入童装的设计理念，使运动风貌的童装既具有运动服的功能性，又有穿用方便的要素，再加上极富活动性的特点和强烈的对比配色，成为儿童十分喜欢的着装样式之一（图 1-16）。

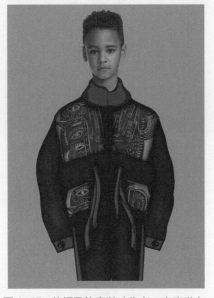

图 1-15 休闲风貌童装（作者：韦晓琳）

图 1-16 运动风貌童装

3. 学生风貌

学生风貌是指富有知识、教养和城市感的着装，有着简洁干练、干净利落的直线条和斯文的着装印象。一般采用中性、低饱和度、深沉的颜色搭配，重视服装的品质、工艺等方面，典型样式是中学生正规的套装样式。目前，受日韩风的影响，这类风格在大童中日趋受到青睐。随着国家对中小学生的礼仪教育的培养，校服的设计备受重视，已成为童装中的重要品种（图1-17）。

4. 成人风貌

　　成人风貌是指具有成人着装特点的成熟着装风貌，有着女性味或男性化的着装印象。一般而言，这类风格的童装往往是大人装的缩小版。在女童服中，使用高支纱的细布、雪纺绸或像丝绸一样柔软的面料，具有淡雅色调的图案，采用垂褶、蕾丝、缎带、饰边等工艺方法，达到一种成人式的浪漫、富有女人味的印象；在男童服中，采用男士衬衫、西装和西裤，并常常采用口袋、粗针脚等元素，配色常选用暗、灰色调（图1-18）。

图1-17　学生风貌童装

图1-18　成人风貌童装（作者：杨妍）

第二章
童装设计美的形式法则

　　服装设计师在进行童装设计时，不仅要熟悉各种形式要素，还要能根据各种形式要素的"性格"因材施用，对各种形式要素之间的构成关系不断进行探索和研究，从而总结出构成各种形式要素的潜在规律。

　　美没有固定的模式，但是单从形式方面来看待某一事物或某一视觉形象时，人们对于它是美还是丑的判断，还是存在着一种基本相通的共识，这种共识是从人们长期生产、生活实践中形成的。早在古希腊时期，亚里士多德就提出美的主要形式是秩序、匀称与明确，一个美的事物，它的各部分应有一定的安排，而且它的体积也应有一定的大小。毕达哥拉斯学派认为美是和谐的比例，而文艺理论家、美学家王朝闻在他的《美学概论》中指出："通常我们所说的形式美，指自然事物的一些属性，如色彩、线条、声音等在一种和规律联系时如整齐一律、均衡对称、多样统一等所呈现出来的那些可能引起美感的审美特征。"

　　形式美普遍存在于人类自身、自然界和人工产品(包括艺术)之中，人们人为地将这些美加以分析、提炼和总结，并通过艺术活动加以实践利用，使之贯穿于绘画、雕塑、音乐、舞蹈、戏曲、建筑等众多艺术形式之中，遍布于我们生活的每个角落。这些人们用于创造美的形式，被称为形式美法则，它包括对称、均衡、节奏、比例、强调、夸张、对比、统一、调和等内容。著名服装设计师克里斯汀·迪奥（Christian Dior）曾说过："服装是将女性的身体塑造得更美的瞬间的建筑"，无论是将服装比喻为建筑，还是将服装比喻为软雕塑，都说明服装是一个整体，而且是一个具有立体构成性质的艺术品。但是服装不仅仅是一件艺术品，更是一件实用品，所以掌握形式美法则，能够使我们更自觉地运用形式美法则表现美的内容，达到美的形式与美的内容高度统一。服装作为兼顾实用性和美学性的人造产品，与形式美的规则是分不开的。特别是在对儿童审美认知能力有极大影响作用的童装中，形式美法则就更为重要（图2-1、图2-2）。

图 2-1　线条变化带来的美

图 2-2　曲线变化带来的美
（作者：赵琳）

第一节 统一与变化法则

统一与变化是构成形式美诸多法则中最基本也是最重要的一条法则，统一与变化是形式美中一对在概念上完全矛盾，在应用中又相辅相成的法则。没有统一的变化充满冲突感，让人烦躁不安、无法平静；没有变化的统一平淡无趣，让人觉得乏味。而统一与变化之间则需要调和作为媒介使之有共存的可能。

统一与变化的关系是相互对立又相互依存，缺一不可。在童装设计中既要追求款式、色彩的变化多端，又要防止各因素杂乱堆积，缺乏统一性。在追求秩序美感的统一风格时，也要防止缺乏变化给人带来呆板单调的感觉，因此在统一中求变化，在变化中求统一，并保持变化与统一的适度，才能使童装设计趋向完美（图2-3）。

图2-3 统一与变化

一、统一

统一指由性质相同或类似的形态要素并置在一起，造成一种一致的或具有一致趋势的感觉的组合。它是对近似性的强调，强调一种无特例、无变化的整体感，它能满足人们对同一性的心理需求，带来安全感的同时，也容易显得单调和呆板（图2-4、图2-5）。

童装设计中，统一主要表现在以下两个方面。

图2-4 色彩上的统一（作者：张蒙）

1. 童装自身的统一性

童装本身的统一性主要表现在六个方面：服装整体与局部式样的统一；服装装饰工艺的统一；服装配件的统一；服装色彩的统一；服装三要素的和谐统一；服装制作工艺手法的统一。

图2-5 材质上的统一（作者：宋涛）

2. 广义的童装统一性

广义的童装统一性主要表现在三个方面：服装与儿童活动环境的统一性，童装要能随着儿童活动环境的变化而变化；服装与社会的统一性(自然环境与人文环境)，儿童在社会中的属性是天真活泼的象征，不能将童装设计得不符合其社会的属性，造成童装过于成人化； 服装与儿童的统一性(气质修养的互补性)，童装要表达儿童的特性也要与儿童统一。

在统一的前提下，应注意变化的运用，可以产生活泼和新颖感。因此，童装设计不宜过分注重统一，使服装产生刻板之感，而是稍加变化就会显得活泼而协调。

二、变化

变化是指相异的各种要素组合在一起时形成了一种明显的对比和差异的感觉。变化具有多样性和运动感的特征，而差异和变化通过相互关联、呼应、衬托达到整体关系的协调，使相互间的对立从属于有秩序的关系之中，从而形成了统一，具有同一性和秩序感（图2-6、图2-7）。

图2-6　变化带来的运动感（作者：杨妍）　　图2-7　图案变化带来的多样性

变化能使童装内部结构产生一定的差异性，产生活跃、运动、新异的感觉（差异感）；能使童装整体具有运动感，克服呆滞、沉闷的设计，从而重新唤起鲜艳活泼的韵味，符合儿童生理和心理的基本特性。同时值得注意的是，过度的变化会导致童装造型凌乱琐碎，视觉上不稳定，特别是在大童款式设计中，因其自身的心理成熟需求，应尽量避免过多的变化设计。

变化是童装设计中的活跃因子，在幼童、小童、中童的服装中运用较多，并主要体现在以下方面。

（1）款式变化。童装款式的长短、松紧、曲直、动静、凸凹等造型的变化是童装中常见的形式美表达手法。

（2）色彩变化。在童装色彩的配置中，利用色彩的色相、明度、纯度，色彩的形态、面积、位置、空间处理等形成对比关系。

（3）面料变化。童装面料质感的对比，如粗犷与细腻、硬挺与柔软、沉稳与飘逸、平展与褶皱等。

（4）饰品与服装的变化。点缀服装的饰品，不仅与童装形成变化，同时使童装充满变化，富于个性。

三、调和

调和是产生于统一与变化之间的一个动词，变化产生差异，调和意味着差异的变化，变化趋向于一致的结果就是统一。调和使相互对立因素的冲突性减弱，使之以一种相对和谐的方式形成一个整体。

在童装设计中，统一与变化是一个永恒的主题：儿童的生理和心理特性决定在童装设计中我们既要追求对比带来的趣味、刺激，又要尽可能在矛盾中寻找有秩序的美感和相对平和的、统一的心理感受。

在具体的运用中，根据不同年龄段儿童的生理和心理需求的不同，通过对童装中对立元素的大小、长短、面积、松紧、色彩、质感等元素的调整，采用呼应、穿插、融合、渐变等手法都可以达到调和，最终达到服装整体效果的统一（图2-8）。

图2-8 服装上的调和

第二节 节奏与韵律法则

节奏与韵律是密不可分的统一体，是美感的共同语言，是创作和感受的关键。人称"建筑是凝固的音乐"，就是因为它们都是通过节奏与韵律的体现而形成美的感染力。成功的服装设计总是以明确动人的节奏和韵律将无声的实体变为生动的语言和音乐。

一、节奏

节奏本是音乐的术语，指音乐中音与音之间的高低以及间隔长短在连续奏鸣下反映出的感受，通过重复、渐变等方法可形成节奏。在设计构成中，节奏指某一形态或颜色以一定方式有规律地反复出现，如布局的疏密、图案的大小、颜色的浓淡等（图2-9）。

在童装上，节奏的体现形式是多样的，服装上的每个元素都可以形成节奏。节奏使得整个服装层次分明，富有韵律感，主要的方式有以下几种。

①在款式上服装局部设计的重复、多层次分割等，如蛋糕裙的层叠设计。

②整体色彩上的单色重复、多色重复，色相、明度、纯度的颜色渐变等。值得注意的是，婴儿装在色彩上不会有太多节奏的变化，其变化主要集中在幼童、小童和中童的服装上。

③身具有节奏感图案面料的使用，以及不同质感、图案、颜色的面料的反复使用。

④工艺上相同或不同手法的反复使用，如有规律的褶裥处理、多条异色明线的设计等（图2-10）。

⑤饰品反复、规律性的出现，如扣子、缎带、珠饰、蝴蝶结、花朵、铆钉等。

图2-9 竖条纹的节奏（作者：杨妍）　　　　图2-10 不同工艺带来的节奏变化（作者：韩园园）

二、韵律

韵律原是音乐的概念，是指声音经过艺术构思而形成有组织、有节奏的连续运动，它作用于人的听觉，也就形成了不同的韵律感。

在童装设计上运用的韵律概念，主要是指服装各种线形、图案纹样、拼块、色彩等有规律、有组织的节奏变化。其形式主要有两种：一种是形状韵律；另一种是色彩韵律。

1. 形状韵律

形状韵律的变化形式，包括有规律重复、无规律重复、等级性重复、直线重复、曲线重复等。

（1）有规律重复。有规律重复是指重复的间距相等（图2-11），其给人的感觉比较生硬，一般在儿童上衣中运用得比较多。

（2）无规律重复。无规律重复是指重复的距离度没有规律（图2-12），使童装具有一种相对的动感，一般多用在童装图案装饰上，营造简单款式造型的节奏变化。

（3）等级性重复。等级性重复是指重复的间距有一定的等比、等差变化，如渐大或渐小、渐长或渐短、渐曲或渐直（图2-13），会让童装整体比较风趣。

图2-11 有规律重复

图2-12 无规律重复

图2-13 等级性重复

（4）直线重复。直线重复是指用直线不断排列的组合形式（图2-14）。在童装设计上，直线重复是常用的设计手法之一，直线重复给人的感觉比较死板，但是有强烈的节奏感。

（5）曲线重复。曲线重复是指用曲线不断重复的组合形式，包括静态时的效果和动态时所呈现的效果（图2-15）。在童装设计上，曲线重复也是常用的设计手法之一，如多褶的小礼服就是典型的曲线重复，曲线重复给人的感觉比较温柔、轻盈、美丽。

2. 色彩韵律

色彩韵律是指将各种明度不同、纯度不同、色相不同的色彩排列在一起，从而产生一种动的感觉，这种组合形式称为色彩韵律。色彩韵律要由三种以上的颜色重复配合而成，只有两种颜色是不能够产生韵律的（图2-16）。

图 2-14　直线重复

图 2-15　曲线重复

图 2-16　色彩韵律设计
（作者：王惠）

第三节　对称与均衡法则

对称和均衡是形式美中一对强调稳定与平衡关系的法则，对称是静态的稳定，而均衡是相对动态的稳定。

一、对称

对称又称为对等，指设计物中相同或相似的形式要素之间相互组合形成的绝对平衡。对称表现出的效果是各个部位空间布局和谐，即每个部分相对应。在童装设计中采用比较多的是左右、回转、局部等对称形式（图 2-17、图 2-18）。

图 2-17　服装中的左右对称

图 2-18　装点配饰的局部对称（作者：赵梦琦）

按构成形式来分，对称可分为左右对称、上下对称、斜角对称、反转对称等。按对称的程度来分，可分为完全对称（图2-19）和局部对称（图2-20）。由于完全对称的形式往往给人强烈的庄重感、稳重感、拘束感，与儿童天真活泼的特点大相径庭，因此，在童装中完全对称的形式比较少见。童装设计中运用次数、出现次数较多的手法是局部对称，其既稳定又富于变化的形态是符合大多数人喜爱的稳中有变的形态。在许多童装中都可以看到局部对称的设计，这些设计一般在大面积上采取对称的构成形式，然后通过饰品、图案、徽章等打破它的绝对对称形态，从而弱化它过于稳重、成熟的感觉。

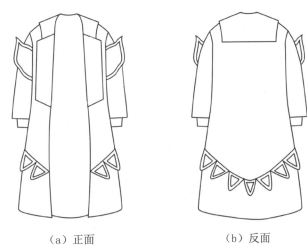

（a）正面　　　　　　　　　（b）反面

图2-19　童装外套的完全对称（作者：郑晗珂）

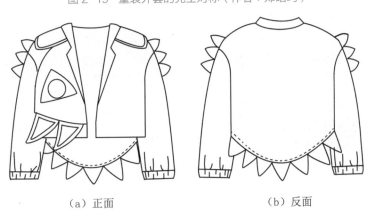

（a）正面　　　　　　　　　（b）反面

图2-20　童装外套的局部对称（作者：郑晗珂）

二、均衡

均衡也称平衡，是指在造型艺术作品的画面上，不同部分和形式要素之间既对立又相互统一的组合关系。例如在花卉世界里，马蹄莲就是以自己独特的不对称形式带给人们别样的视觉享受。在服装平面轮廓中，要使整体的轻重感达到平衡效果，就必须按照力矩平衡原理设定一个平衡支点。由于人体是对称的，这个平衡支点大多选在中轴线上，对于门襟不对称的款式，门襟上的某一点常常被选为支点。均衡的造型手法常用于童装设计（图2-21）、运动装设计和休闲装设计中，对称的造型常用于标志服、工装、校服、礼仪服中。

与对称相比，均衡除稳定外，也兼具活泼、生动、富有动感的特点。因此，从某个角度来说，均衡比对称更加符合儿童的心理特征。从仅仅满足服装功能的基本条件来看，一件服装的基础原型是左右对称、稳定而平衡的，所以就童装而言，所谓的均衡是建立在破坏对称和平衡的基础上，是对视觉、质量或心理上完全平衡的形和物的解构，然后在不平衡基础上建立起新的平衡点。

在具体运用方式上，我们可以通过多种手法改变童装原有的对称形态。例如，改变童装款式某个部位的长短、宽窄、面积的大小；改变童装色彩的色相、明度、纯度、面积、冷暖(图2-22)；变换装饰工艺的简洁和繁复；改变童装面料的厚薄、软硬程度；改变饰品的颜色、位置、大小、形态等。但需要注意的是，这种构成关系上的不对称是基于变化产生的美感，如果这种不对称完全脱离了"美"这个关键词，脱离了人的心理量感上的平衡，脱离了儿童基本的身体对称结构，那么这种不对称就不会带来均衡感，反而会带来丑的、混乱的、失衡的、不实用的效果。

图 2-21　童装中的均衡（作者：李培蔓）

图 2-22　服装色彩上的均衡（作者：陈璐）

第四节　夸张与强调法则

一、夸张

为达到某种表达效果，对事物的形象、特征、作用、程度等方面有意扩大或缩小，这种方法叫夸张。在服装设计中，借用夸张这一表现手法，可以取得服装造型上某些特殊的效果，强化其视觉冲击力，带来新鲜感和乐趣。

夸张法则在中、小童装中的运用较多，如在肩、领、袖、下摆等处经常出现夸张的造型（图2-23）。例如，用蝴蝶结、花朵、徽章等装饰物进行夸张，模拟动物效果的服装整体的夸张等。夸张手法的运用，能很好地突出儿童天真无邪的特性。在运用夸张法则时，一定要拿捏好夸张的度，把握好服装整体的造型重点，在重点突出、特点突出的同时达到服装整体的统一、平衡。

二、强调

强调是设计师有意识地使用某种设计手法以加强某部位的视觉效果或风格（整体或局部的）效果来烘托主体，能使视线一开始就有主次感，有助于展现人体最美丽的部位。童装上的强调，也是根据服装整体构思进行的艺术性安排。

在童装设计中，合理地强调服装中的某个元素或部位，可以改变整个设计上四平八稳的布局，形成视觉焦点，突出设计重点。童装中的任意一个元素、任意一个位置都可以成为被强调的主体。

图 2-23 夸张造型童装设计（作者：杨玲）

1. 色彩的强调

色彩是识别物体的第一要素，是视觉中最具感染力的语言，对于儿童而言，色彩能瞬间引起他们的好奇心。在童装设计中，强调手法是最重要也最容易出效果的。色彩的三要素是色相、明度、纯度，这三要素变化最多，同时还具有丰富情感的意义（图2-24）。

图 2-24 色彩上的强调（作者：李雪）

2. 工艺的强调

工艺在服装中一般都是代表着精致和高档，精细的工艺等同于价值；强调工艺可以让搭配更加出彩，也会增加童装的价值。值得注意的是，对于婴幼儿和幼童而言，童装的工艺和材质最为重要，因此在设计时，要格外重视工艺的运用和面料的选取。

3. 装饰的强调

强调装饰是一种新的搭配时尚，在比较平淡的搭配中，运用包包等其他装饰品可以起到画龙点睛的效果，还能够扬长避短增加服装层次感。在运用强调这一美学法则的时候，需在突出重点的同时，注意童装整体的和谐统一，避免因强调部分而造成和童装整体的完全脱节和分离（图2-25）。

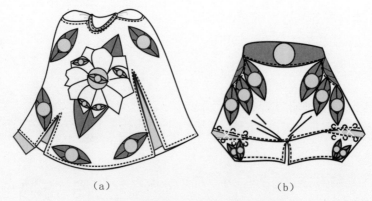

（a）　　　　　　　　　　　　　（b）

图2-25　童装装饰的强调（作者：郑蓉）

第五节　比例法则

比例是指服装的整体与局部或局部与局部之间各要素的面积、长度、分量等产生的质与量的差别以及平衡与协调的关系。表现方法主要有色彩在设计中的比例、面料在设计中的比例以及各配饰在设计中的比例。一般情况下，比例差小容易协调，但差异小也容易引起视觉疲劳。如果同类量之间的差异超过了人们审美心理所能理解或承受的范围，就会造成比例失调。

以人体与服装的比例关系为例，大体上有三种情况（指以发现人体美为目的的研究）：一是基准比例法；二是黄金分割比例法；三是百分比法。其中基准比例法最为常用，即以身体的某一部分为基准，求其与身长的比例关系。最常用的是以头高为基准，求其与身长的比例指数，称为头高身长指数，简称头身。另外，从古希腊时代开始，普遍采用的一种比例关系是黄金比例（也称黄金律），即1：1.618。因为这种比例与人的视觉非常适应，能带给人一种视觉的享受。

在童装设计中，比例是决定服装款式中各部分相互关系的重要因素，包括整体与局部、局部与局部之间的关系，涉及面料、颜色、款式、着装方式、饰品选用等服装的各个方面。例如，服装分割部分的长短比例，上衣和与之搭配裙子的长度比例，显露于外的内搭服装面积与外搭服装的面积比例，领子和衣身的大小比例……甚至扣子的大小选择都是和比例相关的问题（图2-26）。

图 2-26 童装中的比例搭配（作者：赵倩颖）

　　服装不仅是艺术品，还是具备实用性的商品，它以人体为表现载体，因此，在童装设计过程中必须遵循儿童身体的基本比例。在满足功能的基础之上，可以通过放大、缩小比例等手法，来突出和强调服装的特点，强化其风格。需要特别指出的是，并非所有的比例美都能像黄金比例一样给出一个标准的数值或公式，对比例美的判断需要长时间的学习和训练。

第六节　视错法则

　　由于光的折射、反射关系，或是由于人与物体间的视角、方向、距离的不同，以及每个人感受能力的不同，容易造成人们视觉判断错误的现象称为视错。常见的视错包括尺度视错、形状视错、反转视错、色彩视错等。正确地掌握各种视错现象，有利于设计师在服装设计中创作出更为理想的作品。童装设计不同于成人服装设计，在款式、造型、结构上视错法则运用较少，更多的是运用在整体的搭配上（图2-27），特别是在大童服装中。

（a）女童服装　　　　（b）男童服装

图 2-27 视错服装

第七节　仿生造型法则

　　仿生设计在服装造型的整体表达上并不是追求原型的逼真外形，而在于模仿原型的特征和韵味，结合服装和人体造型的特点，使其成为既有原型特征，又符合人体结构的服装造型。仿生设计的经典之作是设计师克里斯汀·迪奥于1953年推出的郁金香造型服装，是服装造型与仿植物形态完美的结合。他把胸向横向发展扩大，并直接与袖子连接起来，肩线像拱门一样呈圆形，腰部收紧，下半身呈细长形，整个服装外形很像郁金香花的形状，故而得名，如图2-28所示。

　　仿生造型是指在进行造型设计时，设计师以大自然的各种生物为灵感，或以它们的外部造型为模仿对象进行的设计。童装设计中，仿生主要是指模仿生物的外部形状，以大自然中的生物为灵感，设计出新颖的服装款式（图2-29）。在进行童装设计时可以模仿生物的某一部分，也可以模仿生物的全部外形，如生活中常见的燕子领、青果领、蝙蝠袖、喇叭裤、蝴蝶结等都运用了仿生造型法则。

图2-28　郁金香造型服装

图2-29　仿生造型服装

　　服装是由多种元素组合而成的一个综合体，如果说点、线、面构成服装的款式框架，并与色彩、面料一起构建出服装的整体实质性形态，那么形式美法则就是如何将款式、色彩、面料三要素合理组合在一起的方式和途径。要设计出一件兼具实用性和美感的童装，几者缺一不可。在设计过程中，我们只有在遵循儿童生理及心理特征的基础上，充分利用不同元素的不同特性，依照形式美法则，合理调控其颜色、质感、大小、位置等因素，达到美的形式与实用内容高度的统一与结合，才能设计出既满足儿童的生理和心理需要，又具有童趣风格和美感的服装。

第三章
童装廓形设计与局部设计

廓形和局部都是服装设计的基本要素。童装廓形是指童装的外观造型，它决定了服装的总体印象和风格形态，能反映穿着者的个性、爱好以及审美，还能表现时代感。局部是指童装的细节和功能性部位，如领子、袖子、口袋、装饰图案以及配饰等，它确保了服装的功能性，也使童装更符合形式美原理。局部设计还可以体现流行元素，更重要的是能体现出设计师设计功底的深浅。两者结合可以让童装更加完整、生动。

第一节　影响童装廓形的主要因素

廓形就是指服装的外轮廓线，是根据人们的审美理想，通过服装材料与人体的结合以及一定的造型设计和工艺操作形成外轮廓体积状态，是展示与区别服装款式造型的第一要素，与服装的其他局部细节相比它是最先带来视觉冲击力的，因此，廓形对服装的整体款式造型起着至关重要的作用，它决定了服装款式造型的总体印象。

廓形同样也是童装款式设计的基本要素，对一件服装的风格有决定性的影响，童装廓形在设计过程中受到以下诸多条件的制约。

一、体形因素

儿童身体发育快，设计师在进行童装设计的时候一定要考虑到不同年龄段的儿童身体各部位的变化，同时还要了解各年龄段儿童的生理需求以及儿童身体各部位变化的节奏和差异，一定要根据儿童的身体形态设计童装廓形。例如，婴儿装一般比较宽松，这是由于婴儿身体成长得很快，并且婴儿的每个阶段身体发育情况都不一样，1～3个月的婴儿宜选择环保、柔软、吸湿性好，浅色且容易洗涤的全棉衣料，穿连体衣会比较方便。儿童是不同于成年人的特殊群体，其廓形设计受儿童体形制约比较多。童装设计要关注儿童的形体特征以及成长状况，才能设计出新颖美观，符合儿童体形特点的服装。

二、心理因素

儿童在接触这个世界的时候有强烈的好奇心和求知欲，对每样事物都会感兴趣。成长阶段的儿童易于满足，觉得生活有很多美好的方面，并且情感丰富，会把内心的情绪都表现出来，喜爱幻想和虚幻的事物，这些天性给童装设计提供了丰富的素材，玩具、卡通、动漫以及儿童一些天真的行为都是设计师的灵感来源，这些丰富的故事内容、幽默的形态元素等都可以成为设计师创意设计的组成部分。掌握了儿童的这些心理特征，设计师就能把这些元素很好地运用到童装廓形设计中。

三、面料因素

　　童装的廓形设计在很大程度上受面料因素的制约，面料是服装设计的三要素之一，也是童装廓形设计的载体。由于面料的不同，其廓形可能会相差很大，相同的童装使用不同的面料会产生不同的效果。面料的质地和肌理决定了童装廓形的外在表现形式，再好的设计没有面料作依托也不能实现其美的价值。同时，面料的选择还会受季节和服装性能的制约，春夏季节应采用轻薄舒适的面料，色彩淡雅，因为这个季节的衣物都是贴身穿着；秋冬季节就要选用厚重保暖的面料，色彩稳重。因为面料的轻重软硬、薄厚疏密直接影响到童装的廓形，所以面料的性能一定要与童装的造型特征相互吻合。如初秋季节儿童针织外套的设计，在款式构思前首先要考虑针织面料具有柔软性、卷边性、脱散性、回弹性的特点及在结构和工艺方面的特殊要求。面料也会对服装风格产生一定影响，例如，裙装用有光泽的面料会显得端庄优雅；外套用皮草面料会显得端庄大方。面料的选择一般都是根据设计师的需求来确定的，掌握好面料的性能是童装廓形设计的重要前提。

四、色彩因素

　　色彩也是童装设计的三要素之一，对童装廓形设计也会产生一定影响。色彩是人们对服装的第一印象，也是最先吸引人注意的地方，要想使色彩在服装上得到淋漓尽致的发挥，就必须了解色彩的特性。色彩能够影响人的感官，有的色彩亮丽，使人愉悦；有的色彩刺眼，使人烦躁；有的色彩热烈，使人兴奋；有的色彩柔和，使人安静。色彩在服装上的表现效果不是绝对的，适当的色彩表现手法会改变原有的色彩特征及服装性格，从而产生新的视觉效果。童装的色彩与面料的质感以及工艺特点是紧密联系在一起的，不同的颜色在不同的面料上会展现出不同的效果。而色彩的饱和度、明暗度、节奏感、情景意境会随着不同的组合形式的变化而发生变化，这些变化对儿童的视觉心理也会形成一定的暗示，如膨胀感、紧缩感、前进感、后退感等。

　　另外，童装廓形设计时不仅要考虑到这些变化，还要考虑空间的影响因素，因为服装最终的效果是以一种三维立体方式呈现的一种空间展示形式，对于材质感特别明显的面料，光色与空间对童装色彩的影响是比较强烈的。设计师在进行童装设计的时候要清楚什么阶段的儿童适合什么颜色以及不同的颜色会带来什么样的效果。例如，浅色会带来扩张感，O型廓形就不宜选用浅色调；深颜色会带来收缩感，一般会用在裤装或腰腹部；体形胖的人适合深色服装，体形瘦的适合浅色服装。当然问题不是绝对的，设计师从整体上把握色彩与廓形间的关系，合理地将颜色进行组合变换就能够奏出不一样的色彩旋律。

五、工艺因素

工艺也是影响童装廓形的重要因素之一。工艺是童装成衣过程中的一种缝制形式，是根据不同品种、款式和要求制定出特定的加工手段和生产工序，尽管它的生产形态都是不定型的，但它的生产过程及基本工序基本是一致的。从制作形式上来划分，分为简做和精做两种形式。简做是指工艺比较简单，缝纫方法很容易掌握，常用于休闲装以及夏天轻薄的服装中，其成衣廓形相对也比较随意。精做是指工艺要求很高，缝制方法比较复杂，例如，男童西装和男童西裤是童装中最复杂的类型。精做的童装廓形挺括，线条流畅，外观庄重且不易变形。不同的工艺手段能够对廓形产生不一样的效果。尤其是现今的科技手段不断更新，新的材料为服装设计带来了无限可能，这极大地丰富了童装的内涵和结构，不仅扩宽了服装内结构工艺，同时使得服装廓形设计也有了更大的发挥空间。许多童装设计的亮点也在于工艺手段的精巧，同样的内部造型会因为工艺的不同而影响其效果，设计师要了解并掌握制作工艺对童装效果的影响，运用特色工艺巧妙地表达设计构思。

六、流行因素

流行是指某一事物在某一时期、某一地区为广大群众所接受、所喜爱，并带有倾向性的一种社会现象。流行趋势是在一种特定的环境与背景条件下产生的，具有非常明显的时间性和地域性，体现了人们心理上的满足感、刺激感、新鲜感和愉悦感。服装流行是一种客观存在的文化现象，是人们爱美、求新求异心理的一种外在表现形式。

童装发展到现在已经有了自己的市场和产业链，随着童装市场的成熟，童装设计不得不重视当下的流行趋势和大众审美的需求。流行趋势是着装后产生的，服装是衣与人的结合，是人着装后的一种状态。流行并不是凭空想象出来的，而是有脉络可寻的，任何一件与社会脱节的服装都难以生存。人为因素、自然因素、社会因素、国际重大事件因素等都对服装的流行有不同程度的影响。童装是商品，从研发、设计到销售都要符合商品价值规律。设计师在设计阶段首先要对童装的流行趋势进行多方位、多角度的调查，顺应家长及孩子的审美观，按照他们的思维去变化创新，只有这样才能在体现童装不同的外观形态和内涵的同时，还能让他们在心理上得到一种优越感、满足感。

另外，由于人们生活环境、教育背景的不同造成了审美的多元化，有的喜欢清新自然的风格，有的喜欢活泼亮丽的风格，有的喜欢端庄典雅的风格，有的喜欢朴素简洁的风格，等等。同时，面料的薄厚软硬等不同的形态也造成了童装或轮廓清晰、或飘逸流动的各自的风格造型特征，给不同的消费者带来不同的感觉。一些年轻家长对面料的关注程度甚至超过了对设计的关注，因此，面料的舒适性、感官性、耐用性、吸湿性、透气性、环保性等性能多方位地影响着童装市场的销售。

童装设计需符合市场的美学特征和文化特征，设计师不仅要具备创作能力，还要具有市场分析和把握市场方向的能力。现在的年轻家长们都有自己的审美价值观，童装设计不能局限在单一的廓形和面料舒适度，流行色、面料的肌理以及是否环保都是要注意的地方。只有顺应了市场的需求，按照流行趋势去变化，去创新，才能够体现童装的外观形态和内涵。

第二节　各年龄段童装廓形分析

儿童的各个时期都是通过一定的年龄段来划分的，他们的生长发育是一个连续的过程。每个阶段之间有区别也有联系，了解了不同年龄段的特点，可以对不同年龄段的童装廓形进行改变，使其符合各年龄段的特点，从而将服装的服用性和功能性更好地表现出来。

一、婴儿装廓形

襁褓中的婴儿没有自己独立的意识，且身体抵抗力差，皮肤娇嫩，需要父母的全程呵护，因此，婴儿装的廓形应注重防护、保暖、舒适、安全等要素。婴儿装一般结构简单，尺寸宽松，廓形以圆润的 O 型最为合适，最好不要添加纽扣、拉链等坚硬物体作装饰，衣服标签最好也做在外面，以防伤害到婴儿的肌肤（图 3-1）。

二、幼童装廓形

幼童装廓形要考虑到安全、便于活动等要素，因为此时的儿童刚刚离开襁褓，活动还需父母牵引，他们的服装廓形不宜紧身，也不宜肥大，过大过小都会给他们的行动带来不便，也有可能给幼童的身体带来不必要的伤害，支撑部位不宜有装饰，尤其是肩、腰、臀等部位要留有合适的余量，这一时期的童装最好采用直线造型（图 3-2）。

图 3-1　婴儿装

图 3-2　幼童装

三、学龄前童装廓形

这一时期的儿童发育较快，理解力增加，已经有了自主行动的能力，但在自我意识上还处在懵懂阶段，着装风格还是由父母决定的。这一阶段的童装廓形设计可以向多元化发展，如女童装的廓形造型除直线外，可以采用 A 型廓形，表现孩童的天真可爱，但仍需考虑到面料的安全、舒适等因素，最好不要使用牛仔面料或紧身造型，以防对生长期儿童的发育带来不良影响。

四、学龄儿童童装廓形

迈入校园的儿童已经可以独立活动了，这时候的他们有了独立的意识，关于服装也有了自己的偏好，在校园里、书上、电视节目上他们开始认识世界，此时的服装廓形就要由单一转向多元化，廓形变化也更加丰富，但仍以直线和斜线的组合方式为主，图案设计在这一阶段童装中占有主导地位（图 3-3）。

五、少儿装廓形

少年时期的孩子在接触了外界的信息之后，已经有了很强的自我意识和独立意识，在着装上有了自己的喜好和风格，这个阶段的童装廓形设计可以往成熟方向靠近，在直线与斜线造型基础上融合其他造型元素，也可与当下的流行趋势和街头文化相结合，满足少年们个性化的需求（图 3-4）。

图 3-3　学龄儿童童装

图 3-4　少儿童装

第三节　童装廓形设计

廓形往往作为一件服装的第一印象，在童装设计中占据主导地位，廓形的变化能直接影响童装的款式设计，也常常反映出设计师对服装整体效果的理解，由此产生整体美的意识。廓形设计不仅是服装设计师必备的专业素质，也是着装者不可缺少的审美表现。

时装设计大师克里斯汀·迪奥在20世纪50年代曾推出一系列字母造型的时装，用A、H、Y等大写英文字母比拟其作品的廓形，从那以后，字母表示廓形的方法就成了现在常用的表现服装造型特征的方法。常用的几种童装廓形有A型、H型、X型、O型几种（图3-5）。当然我们在进行童装设计的时候不能一味地表现造型而忽视了服装的功能性和服用性，这是童装设计的重要原则。

一、A型童装廓形

A型服装的特点为上窄下宽，通过收缩肩部放大下摆或者是收腰放宽下摆的方式，整体造型类似英文字母A，相似的服装廓形有三角形、塔形、梯形，这些造型都可以称为A型。A型服装具有优雅、生动、天真活泼的特点，经常会在女童夏季的裙装和冬天的外套中见到，是女童装中一种常见的表现方式（图3-6）。

(a) A型　　　　(b) X型　　　　(c) H型　　　　(d) O型

图3-5　不同廓形的童装

图3-6　A型廓形童装

二、H型童装廓形

H型服装的特点为上下等宽，上衣和下摆之间不收腰，衣身呈直筒状，是童装设计中以直线组合的廓形，类似英文字母H。H型服装能带给人一种稳重成熟的感觉，多在男童的毛呢大衣、外套（图3-7）、直筒裤以及女童的直筒裙中运用。

三、X型童装廓形

X型服装的特点为上下宽大，中间收紧，采用放大肩部和下摆，收紧腰部的设计方式，多应用在女装的设计里。X 型服装能够展现女性优美的身线，甚至可以掩盖身材上的缺陷，具有柔和、优雅、端庄的特点，适用于少女夏天的连衣裙（图 3-8），秋冬季的外套、大衣以及礼服中。

四、O型童装廓形

O 型服装的特点为中部宽大，下摆收缩，整体呈现一个饱满圆润的造型，也称气球形（图 3-9）。O 型服装充满休闲、幽默与时尚感，常应用于创意型的童装中，也可以用在日常装中，如女童装中的泡泡袖、花苞裙就采用了 O 型服装的设计，婴儿装和幼童装也多采用这种外形。

图 3-7　H 型廓形童装

图 3-8　X 型廓形童装

图 3-9　O 型廓形童装
（作者：李怡坪）

第四节　童装局部设计

一件服装除了它的整体造型外，还包括细节部分，服装就是由大大小小的细节组合起来的，也就是我们常说的"零部件"，局部有一定的内涵和表现意义，解决好整体与局部的关系，体现服装设计的整体美是设计服装的关键。如果说廓形设计是视觉的第一印象，那么局部的细节则是设计的点睛之笔，可以让人的视线长久停留并持续关注。局部是服装设计中的重要组成部分，也是形成设计美感的关键，主要包括领子、袖子、口袋以及拉链、扣子等连接部位，这些细节部位兼具功能性和装饰性，能充分体现童装的工艺特点和风格特征。

一、领型设计

衣领是服装结构中的重要组成部分，由于它能够映衬人的脸部，因此很容易成为视觉焦点，甚至能够决定一件衣服的整体风格，所谓"提纲挈领"，正说明了领子是服装的关键。在设计服装领型时需要考虑多方面因素的影响。领子首先要符合人体穿着的需要，既要满足生理上实用功能的需要，又要满足心理上审美功能的需要。设计时需要考虑到儿童在不同年龄段的体形特征，例如，婴幼童的头部较大，脖子短粗，因此不宜采用立领设计；学龄儿童和少儿可以根据不同需要进行款式上的变化。

童装领型的设计除了要外形美观外，更要着重考虑到儿童的生理特点和体形特征，需要符合人体颈部结构和颈部的活动规律，所以童装的领型设计必须参照四个基点，即颈窝点、颈侧点、颈后中点、肩侧点，以满足服装的适体性。衣领除了要考虑适体功能还要考虑防寒、防风等实用功能，如秋冬季服装以防寒为目的常选择高领，夏季以透风散热为目的常选择无领。领子按外观造型大致分为立领、翻领和无领（图3-10）。

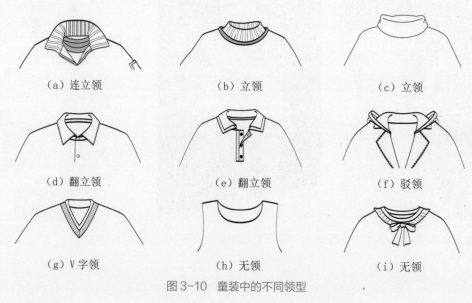

（a）连立领　　　　　（b）立领　　　　　（c）立领

（d）翻立领　　　　　（e）翻立领　　　　　（f）驳领

（g）V字领　　　　　（h）无领　　　　　（i）无领

图3-10　童装中的不同领型

（一）立领

立领是指领子在穿着时是立起来的，没有办法翻下去，最早起源于中国明朝中期，到了明朝后期，在中原和江南地区已经广泛流行。当时明朝正经历千年不遇的小冰河时期，气候异常寒冷，立领应运而生。到了清朝中期，明式立领由方领演化成了弧形领，融入更多满族元素，如滚边、镶边、厂襟。民国时期，中式立领成为了中山装和旗袍的构成要素。因此，立领属于一种传统的领型，多用于正装当中，讲究的是简洁、利落，男性穿着立领服装能够展现修长、伟岸、坚毅的气质。经过这么多年的发展，人们早已将它变形、创新，使其呈现出多种不同的形态，常见的立领有传统立领、连立领和翻立领。

1. 传统立领

立领是从中华传统服饰中发展起来的，传统的立领就是将一片领子竖立缝合在领围线上（图

3-11）。中式唐装多会采用这种领型，其特点是简洁、挺拔，能展现一种成熟儒雅的气质，有时候会采用包边、镶边等不同的工艺处理方式来进行装饰。在童装设计中常见于特定的服饰当中，如传统学生装、民族风格的服饰。

2. 连立领

连立领是由衣身直接延伸出来，贴附于颈部的领型，是一种常见的大众领型，其特点是时尚简约，多用在休闲装中（图3-12）。连立领在设计时可从领角的变化以及搭门的长度、位置、装饰部位入手，还需考虑到面料因素，例如，有的面料虽柔软舒适但立不起来，有的面料挺括但不适合与皮肤接触，所以要考虑运用工艺手段。连立领在童装中的夹克、外套中应用较多。

3. 翻立领

翻立领是由领座和领面结合起来的领型，领座与领面的结构是分开的，需要缝合才可以使用，工艺结构较复杂，因此穿着起来显得较正式（图3-13），设计时可以考虑领角和领边曲线的变化。这种领型与儿童体形不太相适应，穿上后有束缚感，不宜用在婴儿装和幼童装的设计中。翻立领常见于童装衬衫的设计中，也常见于一些特定的服装中。

图3-11　传统立领　　　　　图3-12　连立领　　　　　图3-13　翻立领

（二）翻领

翻领是指领子向外翻的领型，由于它造型简单、变化丰富，在服装中应用范围很广。翻领的宽度、造型都可根据需要进行变换，也可以在领面及边缘添加蕾丝、蝴蝶结等装饰。翻领可以与帽子结合成连帽领，也可与围巾结合成围巾领，设计翻领时要注意翻折线的位置会直接影响领子的外观效果。常见的翻领有驳领、娃娃领，特殊造型的翻领有青果领、水兵领等。

1. 驳领

驳领是翻领中一种特殊的领型，与普通翻领不同的是多了一个与衣片连在一起的驳头，驳领因此而得名，在服装设计中往往会把它单独列出作为一种领型。驳领由领座、翻折线、驳头三部分组成。驳领往往应用于西装、大衣等正式服装。驳领设计中，驳头的长短、宽窄、方向都可变化，例如，驳头向上为戗驳领，向下是平驳领，变宽较休闲，变窄则比较正式，将驳头及领面及衣身相连就变成了青果领。

此外，驳头与驳领接口的位置，驳领止口线的位置等对领型都会有很大的影响，小驳领比较优雅秀气，大驳领比较粗犷大气。驳领要求翻领在身体正面的部分与驳头要非常平整地连接，而且翻折线处还要平服地贴于颈部，因此，驳领的结构工艺相对较复杂，多用在西装（图3-14）、礼服中。

2. 娃娃领

娃娃领又叫彼得潘领，是一种没有领座，平贴于颈部周围的一种领型，领型略扁且单薄，领子的尖角通常会演绎成圆角，自20世纪60年代开始，这种领型多用在女装当中。娃娃领具有甜美可爱、天真烂漫的特点，多应用在女童装的设计中。娃娃领变化丰富，领面可根据需要变窄加宽，可装饰图案、刺绣、花纹，还可以在领边进行装饰，多用在女童的连衣裙、外套、针织衫的设计中（图3-15）。

图3-14 驳领

图3-15 娃娃领

（三）无领

无领，顾名思义就是没有领子（图3-16、图3-17）。无领是领型中最简单、最基础的一种，无领的设计点在于领口线的造型、装饰手法及工艺处理等方面，如改变它的造型曲线或是直接在领口边缘进行装饰。无领虽是最简单的领型，却往往最讲究其结构性，无领在服装领口与人体肩颈部的结合上要求很高，领线太低或太松容易暴露前胸，领线太高又会给儿童造成束缚感，因此无领在设计时要注意把握好领围线的高低以及松紧。无领造型简洁大方，常应用在夏天的服装当中。无领型只能对领口线进行变换设计，主要有圆领、V字领、鸡心领、一字领等造型。

其中，圆领应用最为广泛，具有圆润、流畅的造型特征，可以用包边、镶滚等工艺手段进行处理。V字领具有延伸视线的特点，多用于表现成熟风格的中童装或大童装，鸡心领则属于V

字领的一种。一字领外观呈一字形，具有较为成熟的外观特征，给人柔和妩媚、雅致含蓄的印象，适合用于年龄偏大的女童装中。

图3-16　无领童装（作者：张译兮）

图3-17　不规则无领童装（作者：赵琳）

二、袖型设计

袖子是服装结构中非常重要的组成部分，具有掩盖和美化人体上肢的作用，它是根据人体上肢结构及运动机能来设计的。由于人体上肢是活动最频繁的部位，它通过肩、肘、腕等部位进行活动，因此袖子具有很强的功能性，特别是袖窿处，也就是肩部和腋下的连接部位是连接袖子和衣身最重要的部分，设计不合理，就会妨碍人体活动。设计时应注意不同袖型会对儿童的上肢活动产生不同的影响，如果袖山不够高，胳膊下垂时就会在上臂处出现褶皱或者在肩部拉紧；如果袖山过高，胳膊就难以抬起或造成肩部余量太大，设计时袖子的适体性一定要好，还要考虑季节的需要。袖子属于服装中一个较大的组成部件，有时甚至能成为一件服装的亮点所在，所以袖子需要与服装的整体风格保持一致，其形状也要与服装造型相协调，讲究装饰性和功能性的统一。袖子的结构类型较多，基本袖型包括装袖、插肩袖、连袖几种。

（一）装袖

装袖是袖子中应用最广泛的袖型，也是服装中最规范化的袖型。装袖是指衣身与袖片分别裁剪，按照袖窿与袖山的对应点与衣身缝合。装袖的工艺要求很高，缝合时结构线一定要平顺，不能有皱褶，尤其在肩端点处要形成一条直线，不能有角度出现。装袖可以根据情况进行适当的变化。

装袖分为圆装袖和平装袖。圆装袖是一种比较合体的袖型，袖山为浑圆状，结构由大小两片袖合成，肥瘦合体，袖型笔挺且具有较强的立体感，静态效果较好，但穿着时手臂会受一定的限制。圆装袖的设计要点在袖山，袖山的高低变化能使袖型展现出多种别致新颖的造型。圆装袖多用于儿童的制式服装当中，如校服、休闲西装等。平装袖多采用一片袖的裁剪方式，与圆装袖相比，袖山较低，袖窿弧平直，袖根宽松，肩点下落，又叫落肩袖（图3-18），结构较简单，穿起来自然、随意、舒适。平装袖的设计要点在袖身和袖头部位，变换袖身的长短、宽窄尺寸能够展现多种造型，平装袖多应用在休闲装、夹克、衬衫中。

（二）插肩袖

插肩袖是指袖窿较深，袖山一直延伸到颈部，肩与袖片连接在一起的袖型（图3-19）。一般把延长至领围线的叫做全插肩袖，把延长至肩线的叫做半插肩。此外，根据不同的需要和处理方式，还可将插肩袖分为一片袖或两片袖。插肩袖舒展的结构线具有宽松洒脱的风格。插肩袖的变化主要在与衣身的拼接线上，可以改变它的位置、延伸度和形态，如直线型、折线型或曲线型，还可在结构线部位收褶、加花边进行装饰。不同形态的插肩袖会产生不同的性格倾向，如抽褶、曲线、全插肩的设计多用在女童的外套、针织衫等服装的设计中，具有柔和优美的特点；而直线、半插肩袖的设计多应用在男童T恤、针织衫、运动衫等服装的设计中。插肩袖在设计时一定要考虑身体活动的需要，如运动服设计时一定要考虑到身体需要足够的活动空间，因此会在袖下加袖衩。由于袖子缝合线无明确的规定，插肩袖对处在成长期的儿童来说尤为合适。

图3-18　落肩袖童装（作者：邱炳程）

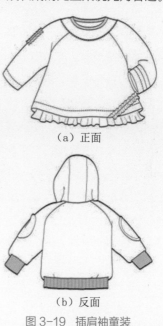

（a）正面

（b）反面

图3-19　插肩袖童装

（三）连袖

连袖是与衣身连成一体的袖型，又称中式袖，是一种起源很早的袖型，也是东方民族特有的服饰造型。连袖结构简单，从衣身上直接延伸下来没有经过单独的裁剪，其工艺简单，造型舒展、活动方便、宽松舒适、随意洒脱。由于肩部没有生硬的拼接缝，所以肩部平整圆顺，与衣身浑然一体。其缺点是不像装袖那么合体，腋下会产生余量，不过随着服装工艺水平的提高，连身袖可通过省道、褶裥、袖衩等工艺手段塑造出贴合人体的形态。连袖多用在儿童家居服、婴儿装、练功服以及少数民族服装中。

（四）袖口设计

袖口部位是袖子设计中一个不容忽视的部分。袖口可以保护腕关节，满足手活动的需要，而且手的活动最为频繁，举手之间会牵引人的视线，袖口的结构造型对袖身甚至一件衣服的整体形态都会产生一定影响。袖口是一个功能性很强的部位，兼具保暖、透风的功能，在设计时要根据实际需要对袖口进行改变。袖口的分类方式有很多，按照外观造型可分为收紧式袖口和开放式袖口。

1. 收紧式袖口

收紧式袖口就是在袖口做收紧处理，为方便穿脱，一般会采用纽结、袢带或松紧带将袖口收起，具有利落、保暖的特点（图3-20）。多应用在童装的羽绒服、运动服、卫衣等秋冬季服装中。

2. 开放式袖口

开放式袖口就是使袖口呈自然放松状态，方便手臂的自由出入（图3-21）。儿童的T恤、针织衫、外套等都可采用开放式袖口，在女童装中应用较多，能够体现童装灵活飘逸的特点。

图3-20　收紧式袖口

图3-21　开放式袖口

三、口袋设计

口袋在童装设计里具有引导视线的作用，在服装中兼具装饰与实用的功能。口袋设计要注意实用方便，尤其是开口部位需要符合人体运动的规律，设计时可从口袋的造型、面料、位置等方面入手，不同口袋经过变换可以改变服装风格，增加立体感，还要注意与服装的整体造型相协调。童装设计中，口袋的装饰功能往往大于它的实用功能，精心设计的口袋对于强化服装的表现力以及提升服装的设计感至关重要。口袋的设计，包括袋口变化、袋型形象的变化、袋型扣结的变化；口边曲直变化、口袋位置的变化、袋口横竖斜角度变化；还有袋边装饰、袋形线条变化、袋盖变化等。掌握了这些变化规律后，设计师就能设计出各种形态的口袋，甚至使其成为一件服装的亮点所在。不同式样的口袋有不同的名称，根据口袋的结构特征，常见的有袋布贴缝在衣片上的贴袋；有将衣片剪开，用挖缝方式制成的挖袋；或缝在衣、裤两侧的插袋。

1. 贴袋

贴袋是直接附于服装表面，袋型、缝线完全外露的口袋，因此也称"明袋"（图3-22）。贴袋的外形、大小、位置变化比较自由，层次丰富，在童装设计中应用范围最广，装饰性很强。形状可自由变化，动物、花草、卡通人物等造型都可以应用，可以配合刺绣、印花、抽褶、镶边等装饰工艺。不同设计手法的运用可改变童装设计的整体风格。

2. 挖袋

挖袋是指袋口开在服装表面，袋身隐藏在服装里面的口袋（图3-23）。工艺比较复杂，袋口一般都装有嵌条，根据嵌条数目可分为单开线和双开线，有时也会在袋口加袋盖。挖袋严谨规整，实用性强，多应用在外套、风衣、校服等童装设计中。

图3-22 贴袋

图3-23 挖袋

3. 插袋

插袋从严格意义上讲也是挖袋，插袋的袋口可以不显露，也可加袋盖进行强调，主要依据服装整体的造型风格而定。插袋比较规整含蓄，设计时应与分割线设计相配合，也可以在袋口处添加刺绣、花边等装饰，多应用于儿童外套、休闲装中。

童装中不同类型的口袋见图3-24。

（a）贴袋　　　　　（b）贴袋　　　　　（c）插袋　　　　　（d）多种口袋组合

（e）挖袋　　（f）多种口袋组合　　（g）插袋　　（h）多种口袋组合

图 3-24　童装中不同类型的口袋

四、其他部位设计

除了上述的领子、袖子、口袋等部位的设计，服装中的一些更细小的部位也不容忽视，例如门襟、腰头、纽扣、拉链等，这些部位对服装的整体造型也会产生或多或少的影响。

（一）门襟设计

上衣、裤子、裙子朝前正中的开襟或开衩部位都可称为门襟。门襟是具有功能性的部位，上衣的门襟能够直接影响到领型结构，是服装装饰中最醒目的部件，它和领子、口袋相互衬托展示出服装的各种风格造型。门襟设计常与领型设计一同考虑，能够体现出服装的均衡感。门襟的款式层出不穷、千变万化，在设计时要注意与衣身的造型比例相协调。根据门襟是否对称可分为对称门襟、非对称门襟。服装造型里大多应用的是对称门襟（图 3-25）。非对称门襟也叫偏门襟（图3-26），设计方式比较灵活，多应用在婴儿装及民族风格的服装当中。对称门襟庄重平衡，偏门襟造型活泼。根据门襟是否闭合还分为闭合式门襟和敞开式门襟。闭合式门襟是通过拉链、纽扣等不同的连接方式将左右衣片闭合，这类门襟比较规整实用，从功能性角度讲，童装里闭合式门襟应用较多。敞开式门襟就是不用任何方式闭合的门襟，如儿童的开衫、披肩等都采用这种门襟。闭合式门襟端庄优雅，敞开式门襟活泼俏皮，两种方式可根据不同需要应用在不同的服装当中。

图 3-25　对称式门襟

图 3-26　非对称式门襟

门襟在童装设计时可从位置、宽窄、长短方面入手。比如敞开式的门襟就可以在边缘处通过镶边、嵌条、刺绣等工艺手段进行装饰；闭合式的门襟可以在连接方式上做一些处理，如不同造型的纽扣、拉链、系带等。不同的门襟处理方式能够让童装变得生动有趣。

（二）腰部设计

腰部在一件服装造型中起着连接作用，腰部的松紧、宽窄不仅决定了服装的整体形态外观，也影响着下装的舒适度。腰部设计可分为腰头设计和腰位设计。腰头多应用于裤装设计当中，腰位是指腰部的位置，分为高腰、中腰、低腰三种。

腰头设计可以从造型、装饰等方面入手，不同的腰头有不同的风格，在腰部进行抽褶、绑带、刺绣等方式可以给童装的整体造型起到点缀的作用。婴儿装要求宽松舒适，一般采用无腰线的设计，而对稍大一点的儿童来说，他们已具备自理的能力，腰头设计可以丰富一些，不过建议腰头设计主要从实用性和安全性出发，以免给工艺师和儿童带来不必要的麻烦。

除此之外，腰位的高低也可以给童装带来不同的效果，高腰设计可以起到拉长腿部的效果，在女童的连衣裙或裤装中常见（图3-27）；中腰设计稳重大方，一般应用在裤装当中；低腰设计时尚性感，但在童装中应用不多。

图3-27 高腰设计的童装

（三）连接设计

连接设计是指在服装中起连接作用的部位设计，例如拉链、纽扣、袢带等。这些部位在童装设计中不仅具有功能性，还具有装饰点缀的作用，设计时若是把握好这些小细节，也会成为一件衣服的亮点所在。

1. 纽扣

纽扣可以追溯到1800多年前，最初的纽扣是石纽扣、木纽扣、贝壳纽扣，后来发展到用布料制成的盘结纽扣、带纽扣。在我国的服饰发展史上，纽扣出现得较晚，盘结纽扣的出现使纽扣由最初的服装功能部件向装饰部件过渡。中式盘扣是我国传统服饰的纽扣形式（图3-28），盘扣造型优美，多应用在民族服饰中，一般用来装饰和美化服装，做工精巧的盘扣甚至能成为有较高欣赏价值的艺术品。

纽扣发展到现在已经有了各式各样的制作工艺、形态和材质，不同造型、材质的纽扣可以带来不同的视觉效果。纽扣最初的功能仅限于保暖和使人仪表整齐等实际意义上的作用，如今，人们逐渐赋予它美观、装饰等更多的意义。纽扣的运用应与服装的整体风格相关，一般纽扣的颜色和纹饰往往与面料是配套的，在设计时，纽扣一般最后添加起到点缀作用，造型别致的纽扣还会起到画龙点睛的作用。需要注意的是童装中最好不要用到尖角造型的纽扣，以免对儿童造成伤害。

2. 拉链

拉链是现代服装中的重要组成部分，日常服装里经常能看到拉链的身影，拉链由最初的金属材料走向非金属材料，由单一品种、单一功能向多品种、多规格综合功能发展，由简单构造到今天的精巧美观、五颜六色，经过了漫长的演变过程。拉链最先用于军装，在民间推广比较晚，到20世纪30年代才被妇女们接受，用来替代纽扣。如今，拉链广泛应用在外套、运动装、裤装、羽绒服中。根据不同材质，拉链可分为金属拉链、树脂拉链、尼龙拉链：金属拉链经常用于儿童夹克、牛仔装等；塑料拉链多用于儿童羽绒服、运动服、针织衫等；尼龙拉链多用于儿童夏季服装中。根据在服装中的暴露程度，拉链分为明拉链和隐形拉链：明拉链多用于厚重结实的羽绒服、夹棉袄中；隐形拉链则适用于单薄柔软的夏季服装当中。按照结构，拉链还可分为闭口拉链、开口拉链和双开拉链。童装设计中可根据不同需要来选择拉链，也可以改变拉链拉头的造型进行创意设计。

3. 绳带

绳带也是童装里常见的连接方式，常用在腰头、裤脚口、袖口、领围等部位。绳带有不同的材质并且变换范围较大，常用的绳带有有弹性的松紧带、罗纹带以及没有弹性的尼龙带、布带等。绳带的材料、宽度、长度以及形状各式各样，种类繁多，设计时可变换绳带的颜色、材质或是位置。由于婴儿肌肤娇嫩，使用坚硬的纽扣或拉链不注意会划伤皮肤，尤其内衣不宜有大纽扣、拉链、扣环、别针之类的东西，以防婴儿吞到胃中，造成安全隐患，因此绳带在婴儿装中应用较多（图3-29）。

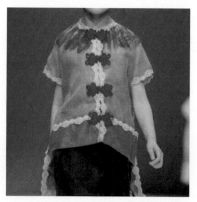

图3-28 童装上的盘扣

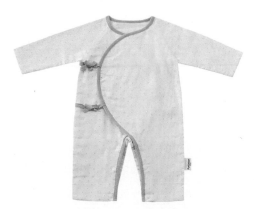

图3-29 婴儿装中的绳带

第四章
面料在童装设计中的应用

服装是人的第二皮肤，面料又是童装设计的三要素之一，因此面料的选择对儿童的成长发育和身体健康至关重要。面料直接左右着服装的色彩、造型的表现效果，了解面料的基本知识与种类有助于更好地诠释服装风格和特征。如今市场上的面料种类繁多，童装设计在面料选择上主要应注重舒适安全、绿色环保、吸汗透气等几方面的特点。

第一节　童装面料概述

面料直接左右着服装的色彩、风格以及造型的表现。经济科技的迅速发展改变了人们的生活方式，随之改变的是人们的消费理念和审美需求，与此同时，人们对服装的要求也呈现多元化的发展倾向。儿童是区别于成年人的特殊群体，他们的服装对面料的要求比成人更高、更严格。2008 年 10 月 1 日，中国首部专门针对 24 个月龄及以下的《婴幼儿服装标准》正式实施。国家规范婴幼儿服装标准可以给孩子的健康保驾护航。

一、面料的基本知识

纺织面料发展到现在经过了一个漫长的发展过程。在原始时期，寒冷地带的衣物是兽皮制成的，暑热地带的衣物是用树皮、植物的叶子制成的。后来人类在长期使用线状体材料的基础上积累了一些经验，在这个过程中发现将植物的韧皮剥下来可以得到又细又长又软且具有一定韧性的线状材料，这就是纤维。经过多次实践，人们发现麻纤维是比较理想的衣料用纤维，人类历史上最早被广泛利用做衣料的植物纤维就是麻纤维，早在 1 万多年前的新石器时代，人类就开始使用麻纤维了。除植物纤维外，还有动物纤维，早在 4000 多年前中国人民的衣生活中就出现了丝，在甲骨文中也发现了桑蚕和衣、裘的象形文字。后来，纺、绩技术的出现使利用天然的短纤维织成面料成为了可能，最早被利用的短纤维是动物的兽毛，羊毛最为多见。后来，人们开始种植棉花，最古老的棉花产地是印度。经过长期的社会实践，人类逐渐发现并很好地利用了四大天然纤维，就是棉、麻、丝、毛。

1664 年，英国人罗伯特·胡克开始了关于人造纤维的构想。胡克之后，经过法国人莱奥姆尔等科学家一系列的研究，1884 年，法国人查尔东奈才成功地使人造纤维工业化。1890 年，法国人迪斯派西斯发明了铜氨纤维；1892 年，英国人克罗斯和比万发明了黏胶纤维；1894 年，克罗斯和比万又发明了醋酯纤维。1938 年，美国宣布了尼龙（聚酰胺）的诞生，又在 1950 年开始生产腈纶（聚丙烯腈纤维），1953 年以达克纶命名生产了涤纶（聚酯纤维）。

纺织面料的原材料主要分为棉、麻、丝、毛和化学纤维五种。面料的组成单位就是纺织纤维，纺织纤维就是用来纺织布的纤维，具有一定的长度、细度、弹性等良好的物理性能，还具有良好的化学稳定性。纺织纤维分为天然纤维和化学纤维。

天然纤维包括植物纤维（如棉花、麻、果实纤维）、动物纤维（如羊毛、蚕丝）、矿物纤维（如石棉）。

化学纤维包括再生纤维（如黏胶纤维、醋酯纤维）、合成纤维（如锦纶、涤纶、腈纶、氨纶、维纶、丙纶、氯纶）、无机纤维（如玻璃纤维、金属纤维）。

纯棉、纯毛、纯丝、纯麻这几种纯天然质地的面料穿着舒适，但价格也比较昂贵，保养起来也很麻烦，因此便有了人造的化学纤维，还有天然纤维和人造纤维混纺，用这种方式织成的面料不仅价格便宜还具有天然纤维面料不具有的耐磨、防水、速干等良好的性能。常见的纺织纤维有羊毛、蚕丝、棉花、黏胶纤维、涤纶、锦纶、腈纶等。

1. 棉织物

棉织物是各类棉纺织品的总称，是一种以棉纱线为原料的机织物，以其优良的天然纤维性能和穿着舒适性为广大消费者所喜爱，为服装业提供了品种齐全、风格各异的衣料（图4-1）。有平布、府绸、斜纹布、卡其、哔叽、华达呢、灯芯绒等多种分类，通常情况下含棉成分达到95%以上即为纯棉。棉织物广泛应用在各类服装当中，具有保暖舒适、柔和贴身、不易虫蛀的优点。由于棉纤维的主要成分是含有大量亲水基团的纤维素，而且在纤维表层中又有很多孔隙，因此具有优良的吸湿性和透气性，婴幼童的衣物多是棉布制成。棉织物的缺点是易缩水、易起皱，不耐磨，弹性较差。棉纤维吸湿后强度增加，因此棉布耐水洗，可用热水浸泡和高温烘干。棉布广泛适用于童装的内衣、衬衫、连衣裙、睡衣等多种品种。棉织物也是人们日常生活中的必需品，除了穿着服用外，在床上用品、室内用品、室内装饰，以及包装、工业、医疗、军事等方面也有广泛的应用。

图4-1 棉织物

2. 麻织物

麻织物是以大麻、亚麻、苎麻、黄麻、剑麻、蕉麻等各种麻类植物纤维制成的一种面料，是世界上最早被人类所使用的纤维。由于麻纤维成纱条干均匀度差，所以非精纺麻织物表面有粗节纱和大肚纱，构成了麻织物粗犷的风格（图4-2）。麻织物具有柔软舒适、透气清爽、耐洗、耐晒、防腐、抑菌的优点，多用于制作夏装。麻织物拥有与棉相似的性能，且强度高、吸湿性好、导热强，其强度居天然纤维之首，麻布染色性能好，色泽鲜艳，不易褪色，抗霉菌性好，不易受潮发霉。缺点是手感外观上较为粗糙生硬。此

图4-2 麻织物

外麻可以与其他纤维混纺以达到爽滑柔顺的效果，如丝麻混纺、棉麻混纺等面料。麻织物的品种比棉布少得多，但因其有独特的粗犷风格和凉爽透湿性能，加上近几年回归自然的潮流，其品种日趋丰富起来。麻主要分为纯麻织物和麻混纺织物，纯麻织物主要有苎麻织物、亚麻织物等，麻混纺织物主要有麻棉混纺交织织物、毛麻混纺织物以及麻与化纤混纺织物等。最常见的还是棉麻混纺织物，其手感柔软，质地细密，适用于儿童的夏季衬衫、连衣裙等服装的制作。

3. 丝织物

丝织物是以蚕丝为原料纺织而成的织物。在古代，丝绸就是蚕丝（以桑蚕丝为主）织造的纺织品，到了现代，由于纺织品原料的扩展，凡是经线采用了人造或天然长丝纤维织造的纺织品，都可以称为广义上的丝绸。丝绸是中国的特产，素有"衣料女皇"之称，丝织品技术曾被中国垄断百年，目前中国蚕丝产量仍居世界第一，除此之外，日本和意大利也生产蚕丝。丝绸主要是天然纤维、人造纤维、纤维素的组合体，丝织工艺主要包括缫丝、织造、染整等几种。其特点是柔软爽滑、轻薄透气，种类很多，尤其适合用来制作女士服装，其富有光泽、色彩绚丽、高贵典雅，属于高档面料（图4-3）。缺点是易起皱、耐光性和耐热性差、不耐磨。丝绸多用于儿童的连衣裙、衬衫以及礼服、表演装中。

4. 毛织物

毛织物又称呢绒、毛料，是用羊毛或者涤纶、黏胶、腈纶等纺织成的一类衣料面料的统称。具有动物兽毛特有的弹性、柔软性，比棉、麻、丝等天然纤维织物具有更好的抗折皱性，特别是在服装加工熨烫后有较好的裥褶成型和服装保形性。当吸收湿气或者汗气时还具有较强的保暖性。精纺毛织面料做成的成衣防皱耐磨、手感柔软、保暖性强、高雅挺括，在高档服装中应用广泛，多用于制作礼服、西装、大衣等衣物，缺点是洗涤较为困难（图4-4）。常见的毛织物有华达呢、哗叽、花呢、贡丝棉等几种，毛织物应避免太过俗艳、引人注目的颜色，如大红色、鲜橙色等，要多选用海军蓝色、中度灰色、暗红色、驼色、奶油色等高雅的颜色。毛织物在儿童的秋冬外套中很常见（图4-5）。

图4-3　丝织物　　　　　图4-4　毛呢面料　　　　　图4-5　毛呢面料童装

5. 皮草及皮革

皮革是指经过鞣制等物理、化学加工而成的已经变性不易腐烂的动物毛皮面料。革是由天然蛋白质纤维在三维空间紧密编织构成的，其表面有一种特殊的粒面层，具有自然的粒纹和光泽，手感舒适。大致分成两类：一类是革皮，即经过去毛处理的皮革；还有一类是裘皮，即经过处理的连皮带毛的皮革。皮革分为天然皮革和人造皮革：天然皮革多用在儿童外套、鞋类中；人造皮革种类丰富、变化多样，适用于前卫风格的童装。皮革的质量是由其外观质量和内在质量综合评定的，其具有雍容华贵、轻盈保暖的优点，但价格昂贵，不易贮藏打理（图4-6）。皮草也分为人造皮草和天然皮草：天然皮草轻便柔软，坚实耐用，保暖性强，极为珍贵；人造皮草是通过多种化学纤维混合而成，既有天然皮草的外观，还拥有丰富的色彩和花纹，在服装中运用广泛（图4-7）。

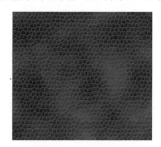

图4-6 皮革面料

图4-7 皮草面料童装

6. 化纤织物

化纤是化学纤维的总称，它是利用高分子化合物为原料制作而成的具有纺织性能的纤维，主要分为人造纤维与合成纤维两大类：人造纤维是以天然高分子化合物为原料制成的化学纤维，如黏胶纤维、醋酯纤维；合成纤维是指以人工合成的高分子化合物为原料制成的化学纤维，如聚酯纤维、聚酰胺纤维。关于化纤的商品名称，合成纤维的短纤维一律名"纶"，例如锦纶、涤纶；人造纤维短纤维一律名"纤"，例如黏纤、铜氨纤；长纤维则在末尾加"丝"或"长丝"，例如黏胶丝、涤纶丝、腈纶长丝。化学纤维具有色彩鲜艳、质地柔软、悬垂挺括、爽滑舒适的优点，但其耐磨性、耐热性、吸湿性、透气性能较差，容易起球、产生静电，所以价格低廉，不适合做儿童贴身的衣料，也不适合年龄较小的儿童穿着。化纤织物多见于儿童的外套、夹克以及运动休闲装中。

7. 混纺织物

混纺是将天然纤维与化学纤维按照一定比例混合纺织而成的织物，例如涤棉布、涤毛华达呢等。涤棉布俗称棉的确良，其特点是既突出了涤纶的风格又有棉织物的长处，在干、湿情况下弹性和耐磨性都很好，尺寸稳定，缩水率小，具有挺拔、不易皱褶、易洗、快干的特点，不过不能用高温熨烫或沸水浸泡。混纺还分为毛黏（黏胶纤维）混纺、羊兔毛混纺、涤黏混纺织物、高密NC布、3M防水摩丝布、天丝面料、复合面料等。由于混纺面料既吸收了棉、麻、丝、毛等天然纤维的优点又尽可能地避免了它们各自的缺点，价格又相对低廉，还比天然纤维更好打理，因此广泛应用在童装当中，常见于儿童的秋冬外套以及休闲装中。

8. 莫代尔

莫代尔是一种纤维素纤维，它的干湿强力和缩水率均比普通黏胶纤维好。它的纤维的原材料采用榉木，先将其制成木浆，再通过专门的纺丝工艺加工成纤维。由于莫代尔的原材料取材于纯正的天然纤维，它在制造过程中，黄化时使用较少的二氧化硫，因此对人体无害，还能自然分解，属于绿色环保的面料。莫代尔纤维的特点是将天然纤维的豪华质感与合成纤维的实用性合二为一，具有较高的上染率，织物颜色明亮而饱满，与多种纤维混纺交织不仅可以提升这些面料的品质，还能使面料保持柔软爽滑，发挥出各个纤维的特点，以达到最佳的使用效果。莫代尔具有棉的柔软、丝的光泽、麻的爽滑，且具有良好的吸水性和透气性，常用于贴身衣物当中。不过莫代尔的缺点是易起球、变形、破损，不适合经常洗涤，可用于制作儿童的内衣、衬衫、连衣裙。

二、面料的种类

我们常把面料分为梭织面料和针织面料两大类。这两种面料的区别主要在编织方法的不同，其在加工工艺、布面结构、织物特性以及用途等方面也各有不同。

梭织面料是由两条或两组以上的相互垂直的纱线，以90°角做经纬交织形成的织物，纵向的纱线叫经线，横向的纱线叫纬线，组成梭织物的最小单位是经线和纬线之间的相交点，这个点叫组织点。因经纱与纬纱交织的地方有些弯曲，而且只在垂直于织物平面的方向内弯曲，其弯曲程度与经纬纱之间的相互张力以及纱线刚度有关，当梭织物受外来张力，如纵向拉伸时，经纱的张力增加，弯曲则减少，而纬纱的弯曲增加，如纵向拉伸不停，直至经纱完全伸直，织物将呈横向收缩。当梭织物受外来张力横向拉伸时，纬纱的张力增加，则弯曲度减少，而经纱弯曲增加，如横向拉伸不停，直至纬纱完全伸直，织物将呈纵向收缩。与针织物不同，梭织物经纬纱不会发生转换。梭织面料一般比较紧密、挺硬，受外力影响不大。

针织面料是由纱线顺序弯曲组成线圈，线圈再相互穿套形成的织物，横向编织的叫纬编织物，纵向编织的叫经编织物。针织物的最小单位是线圈，因线圈是纱线弯曲而成，而每个线圈均由一根纱线组成，当针织物受外来张力，如纵向拉伸时，线圈的弯度发生变化，而线圈的高度亦增加，同时线圈的宽度却减小，如张力是横向拉伸，则正好相反。线圈的高度和宽度在不同张力条件下是可以相互转换的，因此针织面料的延伸性大，与梭织面料相比弹性好，透气性好，手感也比较松软。针织面料的工艺流程短，生产成本低，裁剪和缝合工艺简单、成本低、效率高，针织面料服装款式变化快，价格适中，在国际市场上已成为经久不衰、成交额大、附加值高的商品之一。

（一）梭织面料

几种常见的梭织面料的种类及特性如下。

1. 斜纹布

斜纹布是采用各种斜纹组织使织物表面呈现经或纬浮长线构成的斜向纹路，有粗斜纹和细斜纹两种。斜纹布（图4-8）与平纹布（图4-9）的区别是平纹布是正反面一样，斜纹布正反面不同，正面是左或右的斜路，反面是没斜路的。同样的纱支和密度下，平纹布紧密厚实，斜纹布则相对松软一些。在用途、花色设计上，斜纹布纹路清晰、光泽亮丽、手感柔软，童装以及婴儿床品都能适用。

2. 雪纺

雪纺学名叫乔其纱，质地轻盈、手感爽滑、外观清雅，有良好的透气性和悬垂性，耐磨性好，不易起球，不易起褶。雪纺分为真丝雪纺和仿真丝雪纺。真丝雪纺的成分是100%桑蚕丝，长期穿着对人体皮肤好，清凉透气，不过不可以暴晒，牢固性不好，不易打理。仿真丝雪纺的原料是纯化纤，不易褪色，不怕暴晒，牢固性也好，打理起来很方便。不过市面上常见的雪纺多数成本较低，不吸湿，没有弹性，不适合制作年龄小的儿童衣物（图4-10）。儿童衣物应采用质量较好、高档一点的面料。雪纺适用于制作女童连衣裙（图4-11），穿着飘逸舒适，且充满活力。

3. 牛津布

牛津布是以牛津大学命名的传统精梳棉织物，又称牛津纺，属具有特色的棉织物，采用较细的精梳高支纱线做双经，与较粗的纬纱以纬重平组织交织而成。花式繁多，有素色、漂白、色经白纬、色经色纬、中浅色形花纹等。功能多样，色泽柔和，布身柔软、透气性好，穿着舒适，用途广泛，多用于制作衬衣、运动服等。

图4-8　斜纹布

图4-9　平纹布

图4-10　雪纺布

图4-11　雪纺面料连衣裙

4. 牛仔布

牛仔布是一种较粗厚的色织经面斜纹棉布，经纱颜色深，一般呈靛蓝色，纬纱颜色浅，为浅灰或煮练后的本白纱，又称靛蓝劳动布。牛仔布种类繁多，以全棉为主，有与棉、麻、丝、毛天然纤维混纺，也有与化纤混纺的，特点是紧密厚实，结实耐磨，色泽鲜艳，织纹清晰，在服装中应用广泛（图4-12）。牛仔布另有音译作"丹宁布"，本来只有蓝色，最初只是用来当作帆布使用，但现今已有多种不同的颜色，可以用来搭配不同的面料及装饰，属于百搭的面料。由于其质地较粗硬，不宜用于制作婴儿装或幼童装，只适合制作十几岁的少年服装，如牛仔裤、牛仔衬衫、牛仔外套、牛仔裙（图4-13）等。

图4-12　牛仔布

5. 法兰绒

法兰绒是一种用粗梳棉织成的柔软有绒面的棉织物，于18世纪创制于英国的威尔士。法兰绒表面有一层丰满细密的绒毛覆盖，不露织纹，手感柔软平整，色泽素雅，毛绒细密，面料较厚，保暖性好，多采用斜纹组织（图4-14），适用于童装的秋冬外套和保暖家居服等。

图4-13　牛仔面料童装

6. 泡泡纱

泡泡纱是一种布面呈凹凸状泡泡的薄型纯棉或涤棉织物（图4-15）。其特点是利用化学的或织造工艺的方法在织物表面形成泡泡。按形成泡泡的原理，泡泡纱主要分为印染泡泡纱和色织泡泡纱。前者是利用氢氧化钠对棉纤维的收缩作用，后者则是利用地经和泡经两种经纱，使其在泡经部分形成泡泡。泡泡纱外观别致，立体感强，质地轻薄，穿着不贴体，凉爽舒适，洗后不需熨烫，缺点是穿着洗涤后泡泡易消失，使服装保形性差，且泡泡部分易磨损，主要用于制作童装中的夏季T恤、连衣裙、睡衣裤等。

图4-14　法兰绒

（二）针织面料

几种常见的针织面料的种类及特性如下。

图4-15　泡泡纱

1. 单面针织布

单面针织布表面是低针，底面是高针，与双面布相比较轻薄透气，弹性小，表面平滑，适用于制作儿童 T 恤或内衣。

2. 罗纹布

罗纹布是由一根纱线依次在正面和反面形成线圈纵行的针织物（图 4-16）。罗纹布在表面形成凹凸有致的花纹，与普通针织面料相比更有弹性，不易脱散，无卷边性，尺寸稳定性能较好且柔软舒适，可用于童装当中的边缘部位配料。

3. 珠地布

珠地布表面有细密的网眼，呈疏孔状，与普通针织面料相比更透气干爽，更耐洗，洗涤后不变形（图 4-17）。由于它的织纹比较特殊，也有人叫它"菠萝布"，珠地布外观柔和随意，触感舒适，适用于制作儿童夏天运动时穿着的衣物，如 T 恤、休闲运动衫等。

4. 摇粒绒

摇粒绒是近年来推出的一种新型保暖面料（图 4-18）。是用小元宝针织结构在大圆机编织而成，织成后坯布先经过染色，再经过拉毛、梳毛、剪毛、摇粒等多种复杂工艺加工处理。摇粒绒手感比较柔软，而且有明显的粒子，绒毛短小，纹理清晰，蓬松柔软，保暖性、弹性俱佳，适用于制作童装中的秋冬保暖衣物。

图 4-16 罗纹布　　　　　　　图 4-17 珠地布　　　　　　　图 4-18 摇粒绒

5. 卫衣布

卫衣布是针织布的一种，该类针织布多采用位移式垫纱纺织而成，又叫位移布。卫衣布一般都是毛圈布，而编织毛圈布的纬编组织一般都使用衬垫组织，衬垫组织又称起绒组织或称夹入组织，是在编织线圈的同时，将一根或几根衬垫纱线按一定的比例在织物的某些线圈上形成不封闭的圈弧，在其余的线圈上呈浮线停留在织物反面的纬编组织（图4-19）。卫衣布根据用纱种类分为单卫衣和双卫衣；根据组织分为斜纹卫衣和鱼鳞卫衣。其布面保暖柔软，耐洗吸汗，较厚实，多用于制作儿童的秋冬运动衫、休闲连帽衫等（图4-20）。

6. 双面针织布

双面针织布表面与底面结构织法相同，手感爽滑，具有良好的吸湿性和弹性，可用于制作童装的休闲装、T恤等（图4-21）。

图 4-19　卫衣布

图 4-20　女童卫衣

图 4-21　双面针织布

第二节　童装面料的类型及特征

根据面料的造型风格与应用方法，童装面料的类型主要包括光泽型面料、柔软型面料、立体感面料、挺括型面料、弹性面料以及透明面料。

一、光泽型面料

光泽型面料是指面料表面有光泽感并能反射亮光，最常用于高档礼服（图4-22）或舞台表演装中，会产生华丽耀眼的视觉效果，适用于多种造型，可以采用简洁的设计，也可用较为夸张的造型表现手法。一般包括丝绸、锦缎、皮革、涂层面料等。丝绸、锦缎柔亮绚丽，多用于儿童的盛装和舞台表演服装当中，会产生绚烂夺目的效果。皮革和涂层

图 4-22　光泽型面料童装

面料反光效果强，会产生强烈的视觉冲击力和时代感。皮革质地硬挺、防风保暖，多用在儿童的秋冬衣物中，与皮草结合使用。还有一些涂层面料应根据其功能性来分类，防水涂层面料多用于雨衣等服装，荧光涂层面料则多用在儿童的夜行外出服中，比如在童装上装饰有反光条，可以在特殊天气或特殊环境里用来提醒行人及车辆，避免发生危险，起到保护儿童安全的作用。

二、柔软型面料

柔软型面料一般包括织物结构松散的针织面料、丝绸面料、棉麻面料以及轻薄的纱质面料。这种轻薄柔软的面料适合贴身衣物的设计，尤其是纯棉面料。由于这种面料舒适柔软，悬垂性较好，服装造型线条自由流畅，轮廓舒展，多采用直线形的设计，表现流畅的线条，设计时可根据不同手感选择与服装风格相应的面料，多用在女童童装中，能够表现儿童优雅烂漫、率真活泼的特点（图4-23）。

图4-23　柔软型面料童装

三、立体感面料

立体感面料是指面料表面具有肌理效果的面料，现代科学与技术的发展使得这种面料越来越多地出现在人们的视线里，并广泛地应用在服装设计中。由于这种面料本身就具有体积感，裁剪和缝制过程中有一定难度，因此设计时多采用简洁大方的款式来突出它本身的效果。立体感面料可根据布料表面的凹凸、毛向等形状的变化，尽可能保持其布料的固有风格，在制作过程中，对缝份、折边、贴边等部位都要格外小心，不要破坏面料的特色和立体感（图4-24）。

四、挺括型面料

挺括型面料厚实硬挺，有体积感和扩张感，常见的有棉布、涤棉布、灯芯绒、亚麻布以及各种中厚型的毛料和化纤织物等。采用这种面料的服装线条清晰、廓形饱满，给人以稳重、立体的感觉，不宜采用褶皱和多层次的堆积，否则会在工艺上产生一定难度且容易使服装产生一种臃肿感，破坏其服装造型的体积感。这种面料多用在O型、H型的服装造型里，款式应趋向简洁，轮廓以宽松型居多（图4-25），适合用在突出精确造型的设计中，也能用在夸张造型的创意性服装里。

五、弹性面料

弹性面料舒适柔软，并能贴合人体有较高的弹性回复率，主要指针织面料，还包括尼龙、莱卡等纤维织成面料以及棉、麻、丝、毛与尼龙、氨纶混纺的面料。粗针织面料蓬松，具有体积感，适合夸张、宽松的造型；细针织面料细腻柔软，适合简洁优雅的款式；混有氨纶或尼龙的面料特别适合贴体服装，常见于儿童运动装、舞蹈练功服里。弹性面料在童装中应用很广，几乎适合所有童装种类（图4-26）。

图4-24　立体感面料童装

图4-25　挺括型面料童装
（作者：毛垚梦）

图4-26　弹性面料童装

六、透明面料

　　透明面料多指飘逸通透、垂感较好的雪纺、蕾丝、纱质面料，多用于制作女童连衣裙（图4-27）、礼服、演出服，能带来优雅神秘的艺术效果，为了表现面料的透明度，常用线条自然丰富、富于变化的设计造型。除此之外，透明面料还包括PVC（聚氯乙烯）、TPU（热塑性聚氨酯弹性体）等特殊材质的面料（图4-28），这些面料适用于创意、夸张、有未来感的服装设计里，日常装里并不多见。

图4-27　透明面料童装1

图4-28　透明面料童装2

第三节　童装面料发展趋势

随着经济和科技的迅速发展，人们的生活水平和审美观念也提高了，面料市场渐渐呈现多样化的趋势。人们对高质量、个性化面料的需求越来越强烈，面料不仅是对传统文化艺术的传承，更是对今天时尚生活方式的一种演绎，面料设计不应墨守成规，织物在辅料和配饰上的应用要更加大胆，不同材质的相互映衬造就织物更华美的外观质感。如今面料市场上的各种面料琳琅满目，种类繁多，童装面料大致向以下几个方向发展。

一、绿色环保

绿色环保是全球未来发展的趋势，童装面料更要顺应这个趋势，从纤维到成品，全过程要注重环保化生产，环保种植、环保开采、提炼、纺纱、织造以及染整，环保面料的生产使用逐渐成为童装面料的一种重要发展倾向。目前，国际上已开发出液态陶瓷替代固体陶瓷粉末，完全使用天然染料，突破染色的限制，不仅绿色环保，还能一次取得除臭、抗菌、干爽、透气、保暖、抗静电等多种功能。当前天然纤维仍然是服装面料的主要原材料，但天然纤维在种植过程中大量使用除草剂、化肥等，会危害环境和人类健康，现代科技通过基因技术让转变基因的棉株不再有虫害，在棉株中植入不同颜色的基因使棉桃在生长过程形成不同的颜色，成为天然彩色棉，避免了印染对环境的污染，也杜绝了面料上的染料及残留的化学品对人体皮肤的伤害。还有一些童装设计公司不惜提高成本投入以确保面料的安全性，杜绝有害物质的残留。

童装在强调舒适的同时，更加注重绿色环保的理念，从童装市场上可以看到，对干爽舒适服装制品的追求呈现上升的趋势，消费者在购买童装时更加注重它对环境的影响，即更加青睐于绿色产品。由于童装面料较成人服装面料对安全的要求更高，因此面料生产过程要确保无污染，不能对儿童造成伤害，如纯棉、莱卡棉、棉纤维、珠帆等这些绿色面料透气性好，吸湿性强，而且对皮肤刺激性小，且柔软结实，耐洗耐用，深受消费者的喜爱，拥有良好的发展前景。化学纤维也向着减少固体污染物和可回收利用以及可降解、燃烧不产生有毒气体的方向发展。未来面料的研发应更注重面料的保健性、功能性，这也是未来的童装面料发展趋势。

二、轻薄舒适

儿童的生理特点决定了童装面料比成人服装面料有更高的要求，儿童的免疫系统还没有发育完善，身体易受伤害，因此对童装面料在舒适性、防水性、透气性、抑菌性、抗静电性、弹性等多个方面提出了更高的要求。纺织服装业的发展使得面料的轻薄化成为可能，例如，以往的冬装多使用厚重的呢料或夹棉，会显得身材臃肿，而现在各式各样保暖轻薄的羊毛绒、羊驼毛、马海毛、兔毛面料逐渐成为儿童冬装的新选择；以前多用棉花作为冬装的填充物，而现在轻薄又保暖的羽绒成为了最受欢迎的替代品。使用天然纤维以及改造织物的弹性、手感、吸湿性、柔软性、悬垂性已经成为童装面料的最新倾向，还包括对一些普通面料的特殊处理，如对纯棉进行弹性、压泡、丝光处理，改善织造工艺，使质地变得细柔软滑，透气性更佳。

童装面料在研发过程中还是以服用性为主，同时要兼顾一些常规面料的技术处理和纱线改造，改进织造工艺，让面料变得细腻柔软、轻薄透气，来满足不断变化的童装设计需要。

三、科技创新

科学技术的发展为童装面料的发展带来了无限的可能性，一些看起来无法完成的事情通过技术手段可以轻松实现。例如，儿童对羽绒服的要求除保暖时尚的基本功能外，又兼有生态抑菌、防紫外线、防水等第二功能。在织造领域，不同的织法将身体上不同部位的使用需求融为一体已经成为可能，在一块布上采用两种织法完全能够实现，并且现在的工艺可以将表层、中层、里层织成一块面料，还能做到三层功能各不相同，表层防水透气，中层隔温保暖，里层亲肤顺滑且速干。

再比如新型纤维的开发和应用让面料变得更加安全智能，抗菌防臭纤维可阻止细菌真菌的产生，消除尘螨对人引起的不适和哮喘；防紫外线纤维可有效地减少阳光中的紫外线对人引起的伤害；还有一些特种纤维适合特殊环境下的工作；不锈钢纤维具有永久的防静电和抗菌功能，当不锈钢含量达到25%以上时，就有雷达可探性能，因而在野外、海上等运动和作业环境中应用；活性炭纤维能吸收气味，可用于制作防化兵和医务工作者以及化工人员的防护服。在童装设计领域里，新技术赋予了面料更优越的性能，让我们感受到了高科技与人性化的完美结合，也进一步认识到了科技改变生活、改变世界的道理。图4-29是新型面料在童装中的表现。

图4-29　新型面料在童装中的表现

四、个性艺术

现代人的生活观念和审美思想已经越来越追求精致化和艺术化。在服装面料中出现了许多新型的品种和花色，采用压印加工、植绒加工或烂花加工的方法使服装面料有一种类似浮雕的凹凸感，使用丝网印或者手绘的方法使面料具有一种绘画的效果，或者使用某种特殊的机器使面料具有蓬松感和立体感。此外，还可以采用涂料、金银线、轧染等，与提花相结合，创造出丰富的视觉效果。同一种面料印上不同的花型能够体现出不同的穿着效果，新颖别致的花纹能够赋予面料新的生命力。麻织物组织结构变化多样，复合组织产生条纹和方格，组织配合条纹的运用带来丰富的外观，纹样结合色织手法使麻织物色彩和花型更为丰富；丝绸提花织物中，不同的原料、丝线或组织加强了织物表面的对比性，呈现出浮雕效果，优美而具有动感的提花纹赋予织物流动华贵的感觉，丰富多彩的褶皱风格也是丝绸面料的重要表现方式。面料本身产生的变化已经成为许多服装最具吸引力的独到之处，服装个性化的到来也进一步推动了服装面料的多样化。

面料在花型、图案、色彩设计上的风格手法时有突破，力求时尚化、流行化，又注重各种风格的巧妙结合，体现出多样化的风格特征。同时由于纺织业的竞争，使得技术开发部门也对各种面料的差异性进行广泛的研究，各种各样看上去相似却有差别的服装面料也纷纷面世，满足着不同阶层消费者的不同需求。还有一些童装品牌直接参与面料研发，不但注入了自己的设计理念和企业文化，同时也改变了传统的、被动的面料供需关系，从源头开始做文章，让自己的品牌特征呈现在面料上，形成明显的市场优势，提升市场竞争力，不但可以避免产品设计中的仿冒、抄袭现象，还能防止面料市场上出现同款面料的现象。童装面料将会顺应这种发展趋势，呈现争奇斗艳的局面（图4-30）。

图4-30 个性艺术的面料在
童装中的表现

五、多种纤维混纺

多种纤维混纺是童装面料的重要发展趋势。有人曾预测说未来会是混纺的天下，天然材料的价格较昂贵，天然纤维和合成纤维的混纺不仅降低了成本，还保证了童装面料的天然性，同时让各种纤维之间产生互补的效果，还具有比天然材料更优越的性能，更适合现代人简单的生活方式和个性化的服装理念。纤维混纺分为天然纤维混纺和化纤与天然纤维混纺，如棉、蚕丝、毛的混纺，能让面料具有丝滑手感，且回弹性好，舒适透气；羊毛与天然纤维的混纺已经成为近几年的发展方向，在原料中注入功能性，与时尚运动接轨，都成为羊毛混纺面料的发展趋势。

化学纤维与皮肤之间的触感不好，穿在身上不舒适，透气性较差，这些特点很大程度上限制了其在童装中的应用范围。天然纤维的加入让化纤织物迎合了环保、自然的流行趋势，同时兼具化学纤维与天然纤维的优点，无论在档次上还是性能上都有了很大的提升。比如，氨纶本来不适合制作贴身衣物，但氨纶与棉混纺的针织面料手感柔软，细腻舒适，适合贴身穿着；天丝与麻混纺的面料经过生物酶处理，手感柔软，并且具有吸湿透气、抗菌的功能。多种纤维混纺的趋势为童装面料带来了新的发展动力。

第五章
童装色彩设计

色彩是服装设计的三要素之一，一件衣服呈现在人们面前时，衣服的色彩对视觉认知的传达速度是最快的。色彩是视觉中最具感染力的语言，色彩会让人产生不同的联想，色彩的联想来自阅历、来自生活、来自于记忆。人们在看颜色时往往会联想到生活中的某景某物，例如，有人看到红色会想到鲜血，有的人看到红色会想到喜庆和节日，有的人看到红色会想到红旗，还有的人看到红色就会想到火，等等。这种把色彩与生活中的具体景物联系起来的想象属于具体联想。如有的人看到蓝色会联想到冷静、沉着，看到红色就会联想到热情、活泼等，这种把色彩与认知中抽象的概念联系起来的想象属于抽象联想。

色彩联想与观察者的生活阅历、知识修养直接相关，所以在设计服装色彩时要分清对象，善于抓住不同人的个性要点，用色彩来体现设计的内容，使服装真正符合色彩美的原理。色彩在服装美感要素中占有很大的比重，服装色彩设计的关键是和谐，在服装整体的诸多要素中，如上衣和下装、内衣和外套、整装与服饰配件、服装面料和款式、服装造型与人体、着装与环境等，它们之间除了形和材的配套协调外，色彩的和谐也是必须要考虑的。不同的色彩搭配会改变原有色彩的特征及服装性格，从而产生新的视觉效果。

服装的色彩美感与时代、社会、环境、观念都有着密切的关系，因此在研究服装配色的同时，还要关注时尚要素、流行要素、社会观念和审美思潮的变化等诸多因素，这样才能把握时尚、掌握流行，从而设计出契合时代发展的服装。本章的主要目的是提醒设计师要根据儿童的特征进行色彩的综合考虑与搭配设计，要考虑到色彩对儿童生理和心理的影响，以及色彩的形状、面积、位置及其相互之间关系的处理。

第一节　色彩对儿童心理和生理的影响

色彩是绘画设计等视觉艺术的重要构成因素之一，色彩学是一门横跨两大学科（自然科学和社会人文科学）的综合性学科，是艺术与科学结合的学问。色彩现象本身是一种物理光学现象，通过人们生理和心理的感知来完成认识色彩的过程，再通过社会环境的影响以及人们实际生活的各种需求表现于生活之中。童装中的色彩不仅有丰富的科学内涵，更与儿童的身心健康发展密切相关。这就决定了童装色彩相对成人装色彩存在极大的特殊性。有研究结果表明，如果婴幼儿经常处在灰色、暗淡的色彩环境中，会影响大脑神经发育，孩子会变得呆板，反应迟钝；相反，若是孩子在色彩缤纷的环境中成长，会变得机敏而富有创造性。在进行童装设计时，设计师应把色彩对儿童成长过程中的心理和生理产生的不同影响重视起来，关注儿童成长的心路历程，为孩子营造一个绚丽多姿的色彩世界。

一、色彩对儿童心理的影响

服装色彩能够潜移默化地影响儿童的身心，色彩与儿童的心理及情绪都有着相当大的关联性。借用儿童色彩心理学上的观点：色彩与孩子的心理及情绪有着相当大的关联性，色彩偏好与性格有很大关系。当儿童身穿不同颜色的服装时就会联想起不同的事物甚至产生不同的情绪。

儿童心理学专家阿尔修勒博士通过调查研究发现，对孩子来说，色彩与线条都有固定的意义，例如两种不同颜色的线条出现在同一个画面上，代表着孩子内心有两种不同的愿望、情感交织着。色彩可以带给儿童兴奋与沉静的感受，这种感觉可以带来消极或积极的影响，积极的色彩能产生欢快、激励、富有生命力的心理效应，消极的色彩则表现沉静、安宁、忧郁之感。童装设计中一般会采用明丽欢快的色彩，符合儿童天真烂漫的个性，一般童装上会点缀有造型活泼的图案和卡通人物，这样做的目的是为了吸引孩子的注意力，激起他们的穿着兴趣，会让孩子感到兴奋与欢乐。

色彩倾向对孩子而言是一种无意识的活动，仔细观察我们就会发现儿童在潜意识里会形成对色彩的一种偏爱形式，对颜色无意识的选择有可能说出了孩子内心的秘密——他深层次的个性与性格特征，当孩子极端地偏爱某一种颜色，他的个性往往越突出。研究儿童色彩心理学的学者通过大量研究解读了色彩对儿童的影响：喜爱红色的孩子性格较为刚烈，感情较丰富，很调皮，有时爱冲动（图5-1）；喜爱蓝色则性格较为沉静、理智，愿意独处（图5-2）；喜爱粉红色意味着孩子充满爱心且具有高度的审美观，性格较柔顺体贴；喜爱黄色代表孩子依赖心较强；喜爱橙色则多为外向活泼，人缘很好（图5-3）；紫色是典雅的代名词，喜爱紫色的孩子个性比较随和，具有包容、宽恕的胸怀及强烈的好奇心与上进心（图5-4）。

图 5-1　红色服装热情

图 5-2　蓝色服装沉静

图 5-3　橙色服装温暖

图 5-4　紫色服装典雅

在孩子的色彩世界里，父母的选择和教育方式也会直接影响孩子对色彩的偏好及情绪。因此，父母在为孩子选择服装或者玩具时，应多做考量，这同样也提醒了设计师在设计时要理解儿童，关爱儿童，重视色彩在儿童心理发展过程中的影响、作用，为孩子营造一个健康缤纷的色彩世界。

二、色彩对儿童生理的影响

儿童对色彩的感觉是随着年龄增长不断改变的。专家研究发现，3个月左右的婴儿对周围的色彩就会有感觉了，婴儿大约从4个月开始进入色彩世界，视神经对周围的色彩会产生反应，到11个月的时候婴儿对高明度的色彩会产生浓厚的兴趣，无论在哪里、无论以什么形式出现的明亮色彩，只要目光能捕捉到，都会表现出一种特殊的兴奋感。尤其是暖色系更容易引起他们的注意，因此高明度的暖色调会刺激婴幼儿的大脑，从而激发神经纤维的增长，有助于智力发育。幼童从3岁开始逐渐进入色彩的感知阶段，能很清晰地辨别出红、黄、蓝、绿、橙等基本颜色，特别善于捕捉和凝视鲜亮的色彩，对一些明度比较低的颜色则没有很明显的辨别能力。

幼童对明快亮丽的色彩最为感兴趣，对红色辨别力最强，黑色、灰色、棕色等沉重灰暗的色彩则几乎排除在他们视线范围之外。研究表明，年龄在2~3岁的幼儿期儿童偏爱明快艳丽的颜色，特别是对比明显、纯度较高的颜色，因此在设计童装过程中可采用对比鲜明的色彩组合，但要避免大面积的刺激的色彩搭配。儿童在1~5岁期间，对颜色爱好的差异并不显著，但6岁之后会表现出明显的性别差异，男孩更偏爱黄、蓝两色，其次是红、绿两色；女孩会更偏爱红、黄两色，其次是橙、白、蓝三色。充满童趣的女孩钟情于浅色调，男孩会认为深色、稳重的色调较适合他们。就整个学前阶段儿童而言，其普遍表现为喜欢暖色调。

儿童对色彩的敏感是与生俱来的，在进行色彩定位时，不同年龄的儿童对色彩的感受是有很大差异的。婴儿装的色彩应定位在明度较高、纯度适中的柔和色系，如奶油色、浅蓝、粉黄等，柔和色系没有强烈的刺激性，能够为婴儿营造一个安静祥和的氛围。幼童童装的色彩可以以明快的色彩为主，因为这时候的儿童对色彩感觉有了进一步的发展，可以在设计时加入卡通图案的元素，橘色、淡黄都是可以选择的颜色。少年时期的孩子在对服装的选择上开始有自己的主见和偏好，这一时期的孩子都有渴望成长的心理，好奇心和求知欲都很强，这个时期的童装色彩要阳光、积极向上，富有青春的气息，同时要兼顾流行色的运用，将个性与时尚完美融合。

除此之外，一些特定环境中的服装色彩还需起到保护儿童的作用。例如，儿童雨衣就必须采用纯度较高、鲜艳的颜色，用来提醒雨天的行人注意避免交通事故；夜间出行时孩子身上的衣服最好带有反光材料，以便引起路人和车辆的警觉。

童装色彩的设计应以儿童心理、生理活动特征为基础，一方面应符合儿童心理、生理的特点，帮助儿童养成良好的色彩审美感，为日后的穿着习惯和穿着品位打好基础；另一方面，童装色彩要有益于儿童的健康成长，更好地呵护他们。

第二节　童装色彩设计表现形式

任何艺术品都可以称作是点、线、面的结合，这是艺术创作的一般规律。当然，童装设计也有其一般规律，有独特的设计表现形式。从服装设计专业的角度来说，设计重要的是思维上的综合、创造、创新，而不是描绘与模仿。任何设计作品都体现了创作者的思想。设计师的设计理念指导着整个艺术创作的思维活动，服装设计是艺术创作与实用功能相结合的设计活动，设计者必须具有充分的创新思维能力，这样才能从日常的服装设计表现形式中创作出更新、更美的服饰。童装色彩设计也无外乎几种设计表现形式，掌握了设计规律，再将其加以组合变换就能设计出色彩奇幻、造型各异的服装。童装色彩设计一般有以下几种表现形式。

一、色彩三要素为主的表现形式

服装色彩设计的关键是和谐，在各配色中要有共同的要素，你中有我，我中有你，从而带来较为和谐的配色效果。以色彩的三个属性为主的设计表现形式可以分为以色相为主、以明度为主、以纯度为主三个方面。

以色相为主可以将成对的冷暖色或对比色放置在一起进行设计，使视觉上产生相互衬托的效果。根据色彩给人的感觉，一般将蓝、绿色系归为冷色，红、黄色系归为暖色（图5-5），总体来说，暖色调（图5-6）给人以华丽富贵和温暖的感觉，冷色调（图5-7）给人理智沉静、文雅的感觉；而采用对比色的设计则能够收到艳丽明快的效果，具有个性化的特点。以色彩的明度作为主要表现形式，可以采用同一明度为主的色彩组合，并带有色相和纯度的变化，不同色相之间减少明度的差异，能够产生或明亮、舒畅、或凝重、阴郁等不同效果，个性鲜明，适合表现前卫风格的服装设计；以色彩的纯度作为主要表现形式，并带有明度和色相的变化，各类颜色千姿百态，虽然不同，但是融合了同样艳丽、浑浊的色彩来协调平衡，因此能产生平静、朴实、时尚或者华丽、雅致等不同的视觉效果，此外还要注意色彩之间的面积比例，纵使颜色纯度高，也能产生和谐的效果。

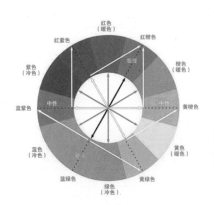

图5-5　冷色与暖色

图5-6　暖色调童装

图5-7　冷色调童装

色彩在服装上有其独特的表现形式，如色块、线条等，这种造型手段通过形式美法则的运用，能使服装艺术更加精美绝伦。色块就是将颜色以块面的形式，有规律或无规律地放置在服装表面，也可以采用不同颜色面料拼接的表现形式，使服装呈现出不同的效果。色块的表现形式有不同颜色面料的拼贴以及选择本身具有色块效果的面料两种表现形式。

线在服装设计中有面积、长度和厚度以及方向上的变化，还有不同的形态、色彩，线在表现形式上拥有最丰富、最生动、最具形象美的艺术效果，最常见的线条表现形式就是格子面料了。线条的组合方式千变万化，用在童装设计上能产生绚丽奇幻的效果。运用线的分割，并结合材质、色彩的变化，可以产生更为丰富的比例变化。线条能够为服装带来节奏感，平行重复的直线，改变其形状为曲线，就会产生空间感；改变长度做渐变处理，就会产生深度感；将线做疏密安排，就可产生明暗的层次感；将线做不同的粗细处理，便会产生方向与运动感的构成形态，无处不显露出线的创造力和感染力。

二、强调式为主的表现形式

强调式的色彩表现方式是指在某部位以某种特定的色彩为重要设计点，其他色彩只能起衬托作用，是设计师有意识地使用某种设计手法来加强视觉效果或风格效果。烘托主体，能使视线一开始就有主次感，有助于展现人体最美丽的部分。对服装的强调，也是根据服装整体构思进行的艺术性安排。可以运用色彩之间的明度、纯度、色相的对比来拉开色彩之间的关系，互相衬托。强调式的色彩表现形式主要有以下几种方法：强调某部位、强调某个配饰或强调某一图案。

强调某部位就是把服装款式的局部作为设计的重点，如领口、胸前、门襟、袖口、口袋、下摆等部位，运用镶嵌、包边、拼贴等工艺手段突出其视觉效果，在色彩上形成明度、纯度或色相上的对比关系。这种方法要注重色彩的整体效果，要强调的色彩面积不宜过大，注意分散，选用两种颜色效果最佳。

强调某个配饰是指把服装配饰作为色彩构思的重点，通过与服装色彩形成明度、纯度或色相上的差异，使配饰成为整款服装的视觉焦点（图5-8）。配饰一词具有附属或补助性的附带含义，服装配饰和衣服一样是在人身上穿戴的，既为了整体服装搭配的需要，又是服装的附属品，因此要与服装的材料、颜色、流行以及穿着者的体型、肤色等一起考虑。配饰与整件服装相比所占空间面积较小，设计师应根据服装的整体需求，运用色彩对比手法，使配饰在整体视觉中占据突出地位。如帽子、挂件、眼镜、围巾等，设计时要注意配饰处于不同位置、大小各异，配色时需区别对待。

图5-8　强调表现配饰

　　图案有二方连续、四方连续以及单个独立图案等几种表现形式。二方连续图案多取材于几何图案或植物造型，一般运用在袖口、衣服下摆等部位。四方连续图案一般运用在整块面料上，不同的花色或甜美，或简洁，或浪漫，用在不同的款式造型上能带来不同的效果。单个独立的图案往往会表达一个主题，有时一件服装只为突出一个主图案，有时图案在服装里只起点缀作用。不同造型、不同主题图案的运用取决于设计师想要表达的效果，而图案的主题颜色也需与服装整体造型相适应。以服装图案作为色彩设计重点，可选用在明度、纯度或色相上相对比的色彩，使图案产生醒目的视觉效果，例如浅色服装配深色图案、灰色服装配鲜艳色彩图案。

三、渐变式为主的表现形式

　　渐变式的色彩表现形式就是指将色彩柔和晕染开，从明到暗或由深转浅，或者是从一个色彩过渡到另一个色彩，充满着神秘浪漫气息，有一种独特的秩序感和流动的美感，是服装色彩常用的一种表现形式。从色彩的三要素着手，它分为色相渐变式、明度渐变式以及纯度渐变式（图5-9）。

　　色相渐变就是以一种颜色为起点，逐渐过渡到另一种色相，也可以以如色相环（图5-10）表示的红、橙、黄、绿、青、蓝、紫等颜色为依据，有规律地进行渐变可以形成如彩虹般绚丽夺目的效果。色相渐变的表现形式效果奇特，视觉冲击力强，但整体不易把握，穿着者也不好驾驭，也是渐变式中最不易协调的形式，由于色相间对比强烈，为降低刺目感，可以适当地调整明度或纯度。

　　明度渐变是色彩表现形式中最常见的设计手段，由于色彩呈现出明暗变化，因此易于协调，这种手法为众多设计师所青睐，既有视觉变化，又和谐悦目，效果独特。

　　纯度渐变就是色彩纯度渐进变化，从高纯度色至低纯度色或从低纯度色至高纯度色。由于整体色彩融合了亮色和暗色，因此纯度渐变的色彩表现形式相对于明度渐变更具特色和魅力，具体设计时可有针对性地加强其中一色的运用，凸显视觉效果，同时色彩的面积比例也是设计师需要考虑的方面。

　　渐变色在童装中的表现见图5-11。

（a）色相渐变

（b）明度渐变

（c）纯度渐变

图5-9　渐变的表现方式

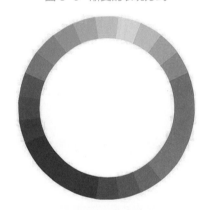

图5-10　色相环

图5-11　渐变色在童装中的表现

第三节　童装色彩的组合方式

色彩在童装设计中起着先声夺人的作用，是童装的灵魂，不同色彩语言的运用能反映儿童的心理和年龄。配色实际上就是服装色彩的组合，在设计服装色彩之前，不仅要搞清楚每种颜色的性格，还要掌握配色的艺术性与配色的基本方法，要懂得如何确立主色调，或者从什么颜色开始。

服装色彩的搭配与调和的行为主体是人，人在特定生理、心理、环境条件下，以具体的社会文化、时代特性为行为执行的背景，对服装色彩搭配效果的评价、选择及使用方式构成了服装配色行为宏观的社会基础和审美基础。服装色彩的搭配不仅要把握宏观效果，还要从微观上注意色彩与色彩之间的明度、色相、纯度等要素之间的适度关系，这也是服装色彩搭配活动中所要遵循的基本法则性要素。色相、明度、纯度是色彩的三属性，从这三个要素入手，把色彩有规律地进行组合、变换能达到不同的视觉效果，组成和谐的色彩节奏。

一、以色相为主的色彩搭配

色相是指色彩的相貌，它是色彩的最大特征，也是色彩最基本的一种感觉属性，人们把可视光谱两端闭合形成色相环。对于单色光来说，色相的相貌完全取决于该光线的波长；对于混合色来说，则取决于各种波长光线的相对量。物体的颜色是由光源的光谱成分和物体表面反射（或透射）的特性决定的。在童装色彩设计中，从颜色的色相入手，主要有同一色组合、邻近色组合、对比色组合等几种组合方式。

1. 同一色（单色）组合

同一色是指在色相环上 0°～5° 变化范围内的颜色，色相之间处于极弱的对比。在童装设计中这是一种非常简单的设计方法，这种设计简洁大方，同一色主要通过色彩的明度和纯度变化或是同种颜色不同面料的组合以达到不同的设计效果。设计时可以加入少面积的白色或灰色来调和，还要注意，色彩的明度、纯度变化小会显得沉闷单调，若明度和纯度的层次拉开，则会产生明快生动的效果（图5-12）。

2. 邻近色组合

邻近色是指在色相环上相近的颜色，变化范围在15°～30°。邻近色有多种，例如，红色与橙色和紫色是邻近色，黄色与橙色和绿色是邻近色，蓝色与紫色和绿色是邻近色（图5-13）。由于邻近色之间有相同的色彩基因，对比较弱，便于统一协调。但邻近色也有远邻、近邻之分，近邻色有较密切的属性，易于调和；而远邻色必须考虑个别的性质与色感，有时会有一些微小的差异，这与色彩的视觉效果相关联。

图 5-12 同一色组合童装

图 5-13 邻近色组合童装

　　邻近色的配色特点是：由于色相差较小而易于产生统一协调之感，具有雅致、柔和、耐看的视觉效果。但是在邻近色的配色中，如果将色相差拉得太小，而明度及纯度差距又很近，配色效果就会显得单调、软弱，不易使视觉得到满足。所以在服装色彩搭配中运用类似色调和方法时，首先要重视变化对比因素，这样才能达到理想的配色效果。在进行童装设计时，可以选用纯度较低的邻近色组成温和淡雅的色调，尤其在婴儿装设计里，有助于婴儿心绪平和，有安全感。

3. 对比色组合

　　对比色是指色相环上变化范围在105°～180°的两种色彩，如橙与紫、黄与蓝、绿与橘等。由于相距较远，色彩会呈现出强烈的个体力量，对比色的组合会产生明艳、炫目的效果，对比色的搭配显得个性很强，容易使配色效果产生不统一和杂乱的感觉，所以在采用这种服装配色时，首先要注意其统一调和的因素，特别是对比色之间的面积比例关系（图5-14）。这种组合方式能体现色彩的差异性，适用于4～6岁的童装设计，这一年龄段的儿童比较好动，喜欢这种活泼、动感的跳跃色彩，但对比程度不宜过于刺激，可以适当削弱色彩的明度和纯度以满足儿童色彩心理（图5-15）。

二、以明度为主的色彩搭配

　　明度是指色彩明暗深浅的差异程度。这种明暗层次取决于亮度的强弱，同一种颜色会产生不同层次的明度变化，如深红浅红，深蓝浅蓝。色彩的明度有两种情况：一是同一色相不同明度；二是各种颜色的不同明度。童装设计里，从色彩的明度着手，主要有明度差大、明度差适中、明度差小等几种组合方式。

1. 明度差大

明度层次大的色彩组合即极度亮色和极度暗色的配色方法，这种组合方式能产生一种鲜明、醒目的感觉。在童装设计中，这种色彩搭配需要根据设计师要表达的形态效果去合理运用，如淡红和深红的组合会显得热情、活泼，粉蓝和藏青的组合会显得沉静、安宁，无彩色的黑色与白色代表着明度差异最大的色彩搭配（图5-16）。童装设计时可以采用面积大小不同的处理方法，两种色彩面积相近会极大地削弱对比度，在面积上形成主次关系则有助于体现设计效果。

图 5-14　面积相近的红绿对比色　　图 5-15　削弱明度的红绿对比色　　图 5-16　黑白组合色彩搭配的童装
　　　　　 组合童装　　　　　　　　　　　　　 组合童装　　　　　　　　　　　　 （作者：李培蔓）

2. 明度差适中

明度差适中的色彩组合与明度差大的色彩组合相比，效果更清晰、柔和，给人以舒适自然的感觉，在童装设计里是一个不错的选择。明色与中明色的搭配比较明朗，适合春夏季节童装的配色（图5-17），而中明色和暗色的搭配更显庄重，适合秋冬季节童装的配色。

3. 明度差小

明度差小的色彩组合方式能够给人以宁静、缓和、平稳之感，这种搭配方式整体和谐统一，适用于儿童的家居服、睡衣以及外套等。明度层次小的色彩经过不同的组合方式能够体现不同的服装风格：高明度色彩之间的搭配，色彩粉嫩，风格浪漫典雅；中明度色彩之间的搭配，色彩中性，风格休闲雅致；低明度色彩之间的搭配，色彩灰暗，风格更显庄重（图5-18）。

三、以纯度为主的色彩搭配

纯度是指色彩的饱和度或色彩的纯净程度，是指色彩的鲜浊程度，纯度越高，颜色越鲜艳，相反纯度越低，颜色就越灰暗，它取决于一种颜色的波长单一程度。纯度遇到以下三种情况，常常会发生变化：将白色混入其他颜色后，明度会提高，纯度会降低；白色加入得越多，明度就越高，纯度就会越低，这种颜色一般属于"明调"；将黑色混入其他颜色后，它们的明度和纯度都会降低，这种颜色一般属于"暗调"；将白色和黑色同时混入其他颜色后，它们的纯度会降低，明度则随白色和黑色所占的比例多少而变化，白色多明度高，黑色多明度低，这种颜色一般属于"含灰调"。以色彩的纯度为着入点，童装设计有纯度差大、纯度差适中、纯度差小以及无彩色等几种组合方式。

1. 纯度差大

纯度差大，即极度艳色与极度灰色的色彩组合方式。纯度差大的色彩搭配能给人以生动活泼的感受（图5-19）。童装设计里可以让两种颜色形成主次关系，例如高纯度为主，低纯度为辅，以表现儿童的天真活泼，可以用在儿童运动装的设计中，但要注意颜色纯度不宜过高，把握不好会让衣服显得俗气。

图 5-17　明度差适中的童装　　　　图 5-18　明度差小的童装　　　　图 5-19　纯度差大的童装

2. 纯度差适中

纯度差适中的色彩搭配能产生高雅、朴素、明快等不同感觉。搭配方式有鲜艳色和纯色调的搭配，能产生较强的华丽感但不会过分刺激；还有纯色调和灰色调的搭配能表现出柔和沉静的感觉（图5-20）。

3. 纯度差小

纯度差小的色彩组合方式有三种：高纯度色彩之间的组合，色彩欢快亮丽，适用于少女的夏季服装中（图5-21）；中纯度色彩之间的组合，色彩中性，适用于春秋季的童装设计中；低纯度色彩之间的组合，色彩沉稳大气，在童装里常用在厚重的秋冬外套中。

图 5-20 纯度差适中的童装

图 5-21 纯度差小的童装

4. 无彩色系组合

当投射光、反射光与透过光在视觉中并未显出某种单色光的特征时，所看到的就是无色彩，即黑、白、灰色，无色彩不仅可以从物理学的角度得到科学的解释，而且在视知觉和心理反应上也与有色彩一样具有同样重要的意义。可以说无色彩属于有色彩体系的一部分，与有色彩形成了相互区别而又不可分割的完整体系。不过一般情况下还是认为无彩色系是以黑、白、灰组合成色彩搭配方式。它在服装设计中是最经典、最单纯的配色。童装中使用无彩色系配色会显得干净利落，又比较时尚前卫（图5-22）。无彩色系组合有以下几种表现形式：单纯的白色、黑色或灰色最为干净利落，不过其设计亮点要体现在款式上；白色为主，黑色为辅的搭配能体现安逸雅致的效果（图5-23）；黑色为主，白色为辅的搭配有典雅庄重的感觉；黑白两色互为图案相互衬托，两者颜色占据服装面积大致相等，中间加入灰色调和，能体现时尚感和艺术感。

图 5-22 黑白灰组合（作者：田加成）

图 5-23 黑白组合（作者：李培蔓）

第六章
童装图案设计

图案是一种古老的装饰艺术，是根据使用和美化目的，按照材料并结合工艺、技术及经济条件等，通过艺术构思，对造型、色彩、装饰纹样等进行设计，然后按设计方案制成的图样。图案是实用和装饰相结合的一种美术形式，它把生活中的自然形象进行整理、加工、变化，使它更完美，更适合实际应用。当图案通过某种形式运用到服装上时就变成了服饰图案，了解图案的形式有助于服饰设计中更好地表达图案。服饰图案的设计是服装设计中不可或缺的内容，服饰图案与图案是两个不同的概念，服饰图案是依附于服饰存在的，具有从属性，服饰图案应用的意义在于增强服饰的艺术魅力和精神内涵。

在童装设计中，由于其受众群体的特殊性，图案设计更显得重要，童装中图案可以用在局部也可用于装饰整体，不仅能够丰富服装的整体造型，还能够弥补服装款式的不足。创造美的服装形态需要依靠设计者的综合艺术修养和对图案设计的感悟能力，培养对图案形态的感知和艺术感悟力是服装设计师的专业要求。

第一节 童装图案设计原则

图案是童装的重要组成部分，服饰图案设计是一项综合思考的艺术创造，设计重点在于图案要与服装的廓形与结构相协调，要做到与服装融为一体。根据儿童各个时期的生理及心理特征，以及各个年龄段不同的需要，童装中的图案设计有一定的原则需要遵循，主要包括以下几个原则。

一、符合儿童心理原则

童装图案要符合儿童的心理，反映儿童活泼天真的特点，激发儿童的兴趣和想象力。总体上看，童装图案多造型简洁且富有变化，用色也比较鲜艳，以日常生活中常见的题材为主，多是儿童容易认识和喜爱的内容，常用卡通动画人物来表现，具有浪漫天真的童趣。同时，利用儿童的好奇心和喜欢模仿等心理特点，童装上的图案设计通常还会具有一定的启迪教育作用，例如将文字、数字等作为素材，让儿童去记住或识别这些内容。不过不同的时期，不同的儿童他们的性格、爱好、活动和心理都不同，这就要求童装上的装饰图案设计要多元化，不能一概而论，要符合不同儿童的兴趣爱好和性格特点。例如婴儿时期，儿童还没有很强的辨别能力，所以婴儿装上的图案比较简单，色彩较柔和淡雅，但出于安全性考虑，工艺要求比较高，不宜采用立体造型的图案。到幼儿时期，童装上的装饰图案开始丰富起来，所有儿童喜爱的卡通形象都可以作为装饰图案，比如孙悟空、圣诞老人、米老鼠、唐老鸭等喜闻乐见的动画人物，这些图案特别容易让儿童瞬间喜欢上某一件服装。抓住儿童不同时期的心理，图案设计便有了针对性。

二、适应性原则

　　童装图案要与童装的款式结构相适应。童装款式就好比图案的外框架，童装图案设计就好像在童装上做适合图案，受到款式结构的限定，并以相应的方式去和童装的廓形相融合。比如，款式宽松的休闲T恤，可供装饰的面积较大，因此，常常会选择布局宽大饱满的图案；而经典风格童装外套上的图案大多会用在前胸、领角、袖口、底摆等部位，图案要完全根据这些部位的形状结构进行设计，一般会比较小巧精致。总之，服装结构作为支撑服装形象的内在框架，对图案形象和装饰部位也有严格的限制，图案设计要适合结构线围成的特定空间。

　　服饰图案还应该从属于服装特定的功能，与其统一协调。如冬天的童装要求保暖功用，图案设计也要适应整体服装的这种功能，用毛皮、毛线等厚实的材料进行制作，造型上可选用立体造型，配色要选用暖色调，整体可以带给人厚实、暖和的感觉（图6-1）；而夏天的童装强调透气吸湿的功能性，图案设计也要遵从这一特点，可能需要选用单薄透气的材料、淡雅的色调、平面的造型、简洁的工艺；再比如幼童活泼好动，与之相配的图案的材料和工艺也要求有很好的牢固性，以免儿童在爬、跳、翻、滚时图案被破坏，而儿童盛装的图案牢固程度就相对较低，但是对制作图案的材料、工艺却有很高的要求。

（a）云端的奇思妙想

（b）面料小样

图6-1　童装中的图案要符合适应性原则（作者：肖菲）

三、符合材料与工艺条件的原则

　　服饰图案还受材料和工艺的制约。图案设计出来之后只能算是完成一半，图案制作出来才算完成，而能否找到合适的材料和可以实现的工艺是后期制作的关键，只有材料和工艺条件实现了，才能设计制作出想要的图案。各种原材料有不同的质地和性能，可以产生不同的效果。服饰图案设计要与材料相结合，既要符合原材料的特点，又要利用和发挥原材料的优势。比如，相同的颜色用在不同的面料上就有不同的效果，大红色印在呢料上，明度和纯度都不高，会有厚重的感觉，而印在锦缎上则会带来醒目亮丽、优雅高贵的视觉效果。图案花色也有其不同的特点，有的花色适合用于棉、麻等面料，有些花色则适合于皮革、牛仔面料。图案设计还要考虑面料、绣线、化学染料等材料条件的影响。总之，在进行童装图案设计时所有材料因素都是要事先考虑的。

服饰图案在设计时一般都是绘在纸上或者电脑屏幕上，但是最终是体现在服装上的，是通过不同的工艺手段去实现的。因而在设计时还必须考虑工艺条件，确保现有的工艺手段可以满足图案要求的表现效果，通过最佳的表现形式来体现设计目的和要求。因此，图案设计必须符合生产工艺及生产条件等要求，以及生产技术方面的可行性。图案的整体构思与设计是在工艺技术条件的制约下进行的，不是单纯地去表现图案，而是去表现一件服装、一个整体。有些制作工艺对图案设计还起到增强效果的作用，它往往能超越纸面效果，在制作过程中出现意想不到的状态。像偶然性冰纹、手绘过程中类似晕染的自然形态等，这些效果不是画出来的，完全是依靠制作工艺的特点形成的。此外，图案的工艺实现还受产品成本制约，要结合工艺生产上的要求，做到适用于生产。

四、功能性、安全性原则

童装图案设计不仅要从审美、技术层面考虑，更要从儿童的安全着装角度考虑，童装的安全性不亚于装饰性。童装图案设计首先是对工艺材料的选择，工艺和材料与童装的功能性和服用性密切相连，图案载体是童装所采用的面料，图案采用的材料、工艺是决定图案属性、结构形态的前提。图案在童装款式设计中不仅是一种装饰点缀，同时也有保护儿童身体不受损伤的作用。

如婴幼儿童装图案工艺选择大都以贴布绣为主，图案面积依据婴幼童形体特点设计，图案配置的部位多在膝盖部、胸部、肘部、背部，这些部位是婴幼儿较容易受到磕碰的地方，醒目的图案可以提示儿童在玩耍时注意保护自己，同时图案也会起到一定的防护作用。儿童的天性爱动，好奇心极强，童装图案的结构不能过于复杂，最好采用平面图案，不可使用小挂件、金属扣、珠片等附缀物以避免造成安全隐患。儿童身体娇小，没有自我保护能力，立体图案必须与功能性结合，如口袋的仿生设计要适度实用不能过于夸张，图案的色彩构成不能超过三种颜色，以免使儿童产生浮躁心理。

五、统一性、协调性原则

服饰图案是依附于服装对其进行设计的，所以对于服装整体而言，图案始终是服装的一部分，图案题材的选择、装饰的部位、表现形式和工艺手段都要服从服装整体的造型和风格，也就是说要结合服装的结构与款式来安排图案，如何安排图案在服装中的位置，图案的风格与服装的风格是否统一协调都需要统筹规划。图案不仅丰富了童装的表现形式，更为其增添了新的视点。在与整体服饰规定性相统一协调的前提下，才可能达到增强艺术感染力的效果，服饰图案若脱离了服装，就无法显示它的审美价值。

统一性是所有艺术形式都要遵循的原则之一。统一性即童装的图案构成必须融合在童装设计

的整体方案中，图案设计与款式设计应该相互兼顾、相辅相成。协调性即童装图案与面料、色彩、款式、风格、着装个体之间的呼应关系。不同主题、不同结构、不同色彩、不同工艺的图案在童装设计过程中会形成不同的装饰界面、不同的视觉效果，这些"不同"的形式美因素只有与童装的风格特征协调起来，童装图案所蕴藏的美才能体现出来。

图案是一种装饰形式，其本身亦有自己的艺术特点，作为服装的装饰手段，图案也要求色彩和材质的统一。服装设计是以人为本，通过款式、色彩、材质的搭配组合来表现人的精神风貌，体现某种着装风格。童装图案依附于童装，其风格必须与童装风格相呼应，通过图案本身的美以及与服装色彩、材质、工艺、配饰等的协调统一，可形成淡雅、奔放、细腻、活泼等多种风格，从而更能体现服装的设计主题和精神内涵。不同素材、不同形式、不同色彩的图案在服装上形成不同的装饰风格和艺术美感，服饰图案在进行设计时要力求与着装者的内在美和服装的外在美形成统一，相辅相成（图6-2）。同时还要注意图案要同造型、色彩、材料一起构成服饰整体的时代特征。

图 6-2 童装中的图案要符合统一性、协调性原则（作者：石燕楠）

六、可操作性原则

以绘画形式表现在纸上的童装图案只是设计师创作的白描，是想象中的艺术作品，最终效果则需要借助材料和工艺制作去实现，而这个实现过程又是对设计作品的二次创作和修正完善。因为材料和制作工艺是对图案的一个不可逾越的机械性制约，所以，童装的图案设计是一个对材料运用选择、对工艺掌握分析的过程。

童装图案设计首先要符合成衣工艺的制作要求。童装设计师必须掌握常规面料辅料的性能和效果，必须了解各种工艺特点和制作流程，在进行图案设计时把面辅料因素作为一个课题考虑。一般情况下材料、工艺因素是固定不变的，装饰因素是可变的，种类繁多的童装图案可能会对面料和工艺形成各自不同的要求，要熟练运用、调动各种工艺手段，扬长避短，实现童装图案设计形式美、工艺美、实用美的价值。

第二节　童装图案设计灵感来源

图案设计的灵感来源是十分丰富的，无论是自然景象、人物造型，还是几何文字以及日常生活中所接触到的各种物体都能够成为童装图案的灵感来源。一个简单的抽象图形、一朵写实的花朵，甚至一个字母都可以构成服饰图案中的主角，这些图案形象不管是立体的还是平面的，具象的还是抽象的，有意的还是偶然的，都属于服饰图案设计的范畴，这就要求设计师应注意观察生活，从各种途径获取灵感，灵感获取的途径有很多，比如一部电影、一首歌、一幅画，或者自然界中动植物的形态都能变成服装的廓形和图案，这些元素经过写实、夸张或其他变换手段，就能组成各种装饰素材并运用到童装造型中。童装图案内容丰富，概括起来讲主要分为自然和人文两个方面。自然就是非人为的，例如自然美、自然风光、自然资源；人文就是指人造的或经过人改造的。

一、自然

大自然是艺术创作取之不尽、用之不竭的灵感源泉，自然界的事物种类繁多，变化万千，姿态优美，树木、花朵、叶片、果实等形象都可以加以变化和利用成为服饰中的装饰主体。图案设计在自然界中的灵感素材主要包括植物、动物、风景等。

1. 植物

植物花卉是图案创作中应用非常广泛的一种，在图案设计中占有很大的比重。植物图案比其他图案形象具有更丰富的表现性和灵活性，植物种类众多，变化丰富且造型优美，既可以典雅华丽，也可以清新自然。植物是自然、生命、和平的象征，例如在中国传统图案中，常见有梅花、石榴、牡丹、海棠、松柏的形象。还有一些植物素材常常会以谐音、联想的形式，且带有吉祥的寓意，如松鹤图案象征长寿，莲花和金鱼结合象征连年有余，石榴图案寓意多子多福。这些图案常用在传统风格的童装中，比如典型的中式童装、婴儿装，它们都赋予着家长对孩子的美好期望。

植物图案可以是写实的、具象的（图6-3），也可以是抽象变形的（图6-4），设计师在设计过程中可以融入自我的情感及想法，展现出迥然不同的风格，使得每件服装各具风采。植物图案可以灵活地运用在服装的各个部位，既可以作为主体形象，也可以作为装饰的配角。例如，以连续形式或截取某一部分作为细节装饰放在女童装裙摆、袖口等部位，天真活泼且富有意趣。植物图案可以独立地在服饰设计中出现，也可以组合自然界其他的形象，如动物形象，还可与抽象形象结合，能对植物图案起到很好的补充，丰富视觉感受。工艺上有多种表现形式，例如刺绣工艺，或者用亮片表现出立体的效果，注意在色彩和形态的选择上要考虑儿童的欣赏习惯和审美心理。

图 6-3　童装中写实的植物图案

图 6-4　童装中抽象的植物图案

2. 动物

动物也是深受儿童喜爱的一类图案素材，也是图案设计中经常应用到的素材。动物形象不同于其他的图案，因为它具有明确的特征性，每种动物都具有各自不同的姿态和表情，因此要抓住动物的特点去表现。动物像植物一样，也能够赋予吉祥的寓意（图 6-5），比如中式传统图案里，由于蝙蝠谐音"福"，五只蝙蝠形象环绕在一起则象征"五福临门"。动物还经常和植物一起结合设计，来传达美好的寓意，比如喜鹊和梅花的结合，寓意"喜上眉梢"。除此之外，麒麟、金鱼等动物也都含有美好的寓意。

设计童装图案时要注意把握儿童的喜好及心理，例如，女童会比较喜欢猫、松鼠、熊猫这些憨态可掬、性情温和的动物，而像老虎、狮子这种凶猛的动物，会给人以威严、勇敢的感觉，多用在男童装中。在进行动物图案设计时，要注意刻画动物的神态与情感，抓住所刻画对象的形和神，赋予其生命和灵气，以增加图案的表现力，传达特有的情趣和生动感。动物在行走、嬉戏、奔跑、觅食的时候，其表情和动作均有明显变化。比如熊猫，其圆滚的体态和笨拙的形象都深入人心，并且深受大众的喜爱，其形象常会用在童装图案设计当中。动物图案设计有时为了强调动态和神态还要进行拟人化的处理，例如家喻户晓的米老鼠和唐老鸭的形象，经过拟人化的艺术处理，深受儿童的喜爱。

3. 风景

风景素材虽然没有动植物素材的应用范围广泛，却也是童装图案设计中不可忽视的一处灵感源泉。风景多应用在创意服装或主题性的舞台服装当中，能够表现出别致的装饰效果和美感。风景图案的使用不受时间与空间的限制，风景包括自然形态和人造形态两种，如山川河流、日月星辰属于自然形态风景，城市建筑、园林楼台、乡村小镇等属于人造形态风景（图6-6），将这些元素运用在图案设计当中会表现出不同的效果，还能展示出各种各样不同地域的风情。这些元素更多地体现在大面积的装饰上，多以写实的手法表现，通过不同的场景能够体现设计师的思想情感，如自然风景可以表达对美好生活的向往，其工艺手段主要有印染、刺绣、手绘、民间蜡染等不同的表现形式。

图6-5　童装中的吉祥图案

图6-6　童装中的风景图案

二、人文

人文主要指的是人类社会的各种文化现象，其包罗万象，变化万千，在童装图案设计中，主要从文字、电影电视、艺术、人物、童话等几个方面来讲。

1. 文字

文字是人类用来记录、交流的视觉符号系统，是日常生活中不可或缺的元素，是文明社会产生的标志，是文化的象征。图案设计中，文字一直是最常用、最普遍的素材，而在服饰里，无论是鞋帽、外套、衬衫、裤子、休闲装，或者背包、配饰，都能够见到文字装饰。文字具有丰富的表现性和极大的灵活性，无论哪种文字，都有很多字体，变换空间很大，既能够单个使用，也能够以词、句的形式使用，可以明确表意、传达信息，也可以仅作为装饰形象，能够起到强调设计师主张的作用，增添服饰图案的文化内涵。其形态丰富，采用平面或立体等不同的工艺手段能够产生不同的视觉效果。文字图案一般包含各国的语言文字（图6-7）、数字（图6-8）、字母，最常见的是英文，还可以扩展到各民族的文字，其结构和书写的特征各不相同，特有的造型、不同的节奏变化会产生不同的效果，新颖时尚，符合儿童崇尚个性的心理。文字图案还具有较强的适应性，很容易与其他装饰形象结合起来。同时文字图案还具有鲜明的文化象征性，运用在童装中，能够对儿童的身心成长起到潜移默化的作用。

图 6-7　童装中的文字图案

图 6-8　童装中的数字图案

2. 人物

　　人物形象的服饰图案主要有两大类：一种是写实风格，比如将真实的照片直接印在衣服上，这种逼真的再现使人物形象极具标志性和叙述性；另一种是抽象变形的风格，这种方式比较常见，抽象的人物形象极具现代感和幽默感。除了上述两种之外，还有很多特殊的人物形象可以利用和创作，例如马戏团的小丑形象，卡通布娃娃形象，还有京剧中的脸谱形象，都属于人物图案的范畴，其风格与特点需要特殊的处理与巧妙的结合才能达到与服装的整体风格产生共鸣。人物图案在服饰设计中的表现方式是多种多样的，可以单纯地把人物形象作为主要图案，也可以与风景图案、动植物图案相结合，可以写实，可以表现人体的姿态与神情，也可以表现人体的局部特征。

3. 童话

　　童话故事几乎伴随了每个儿童成长的过程，小时候读的童话也是一种启蒙教育，它按照儿童的心理特点和需要，通过丰富的幻想和夸张的手法来塑造鲜明的形象，用曲折动人的故事与情节及浅显易懂的语言文字反映现实生活，抑恶扬善，表达了人们对美好的向往和追求，是儿童生活中必不可少的娱乐和学习工具，也是儿童身心成长道路上的伙伴。

　　童话题材内容丰富，故事中的内容常以图案组合的形式出现在童装设计中，也是儿童最乐于接受的服装图案。例如，童话故事里众所周知的白雪公主、小美人鱼、丑小鸭等形象。童话往往采用拟人的方法，不论飞禽走兽，还是花草树木，整个大自然都可赋予生命，注入思想情感，使它们人格化，其个性鲜明，形象生动，寓意深远，深受儿童的喜爱。

　　由于这些故事形象深入人心，儿童甚至会向家长特意提出要穿带有某个形象的衣服，像钢铁侠、变形金刚这种英雄人物形象，更受男孩子的喜爱，把这些他们崇拜的英雄穿在身上能够使他们更加自信。童话故事演绎的图案往往是以系列构成形式出现在童装设计中，能够激发儿童的兴趣和幻想。

4. 电影电视

现代传媒的飞速发展，电脑、电视的普及，让我们能够从更多的渠道获取信息，尤其是一些动画片、动画电影为儿童所熟悉、喜爱。动画是一种综合艺术，它集合了绘画、漫画、电影、文学等众多艺术门类于一身。调查显示，看动画片是9岁以下儿童娱乐时间的主要活动之一，他们对动画片里的主人公津津乐道，还喜欢去模仿，动画片故事场景多，人物千姿百态，为童装图案设计提供了无限的灵感（图6-9）。

儿童会通过电影电视看到另外一个世界，并且会对里面的场景和人物形象有着极为深刻的记忆，尤其婴幼儿对屏幕上的色彩图形有特殊的感觉。由此可见，电影电视对儿童产生的影响深远不可忽视。

图6-9　童装上的卡通图案

5. 艺术

艺术是一种很重要、很普遍的文化形式，有着非常复杂而丰富的内容，与人的实际生活密切相关。艺术离不开人，真正的艺术是一个人对自身精神与情感的抒发与表达，艺术能够陶冶情操，培养性情。艺术形式多种多样，例如绘画、诗歌、音乐、舞蹈、小说、戏剧，这些艺术形式都能够为童装图案设计带来灵感，成为童装图案的素材，例如音符、戏剧形象、跳舞的姿态等。

第三节　童装图案设计的分类

图案的分类方式很多，如果细化来讲有各种各样的分类方式。如按构成形式分，有单独图案、连续图案、适合图案；按构成空间分，有平面图案、立体图案；按工艺手段分，有印染图案、编结图案、刺绣图案、手绘图案等；按历史范畴分，有原始社会图案、传统图案、现代图案；还可以按装饰手法分，按装饰题材分，等等。童装图案设计有其一定的规范要求，把繁杂的素材归纳整理，把童装图案以不同的形式来分类，既有助于设计师对图案内容的筛选，同时也有助于设计师对图案构成规律的把握和运用。

一、按构成形式分

按照构成形式分，图案主要有单独图案、连续图案、适合图案几种。

（一）单独图案

单独图案是指不与周围发生直接联系，可以独立存在和使用的图案（图6-10）。比如一朵花、一个动物，它包含了抽象、具象的所有图案，具有相对独立性和完整性，单独图案的结构比较自由，其大小、体积不受空间限制，形式活泼，表现比较丰富。在设计应用时具有很强的灵活性、适应性。其设计重点在于图案本身的美感，题材的选择、展示的角度、表达的方法以及色彩的运用都是单独图案要解决的问题，其形式主要有直立式、倒立式、倾斜式、环绕式、层叠式等。

（二）连续图案

连续图案是指根据一定的组织规律，以一个或多个单独图案为基本单位，无限循环的一种图案形式，其特点是重复性和连续性。连续图案具有很强的韵律感和节奏感，能带来有条理的美感和视觉冲击力，根据循环方向的不同，一般分为二方连续图案和四方连续图案两大类。

1. 二方连续图案

二方连续图案是指一个单位纹样向上下或左右两个方向反复连续循环排列，并以带状形式无限延长而形成的图案。其组织形式多种多样，包括散点式、直立式、倾斜式、波纹式、回文式、综合式。二方连续能够产生优美、富有韵律感的横式或纵式的带状纹样，俗称"花边"（图6-11）。在设计时，要注意单位纹样中形象的穿插、大小错落、简繁对比、色彩呼应以及连接点处的再加工。二方连续图案多见于服装的边缘部位，如袖口、领边、底摆，中国的汉服、旗袍在领口、袖口以及衣身两侧的开衩处，右衽斜襟处多为二方连续装饰，而在很多现代服饰中，依旧延续着这一装饰特点，尤其是端庄典雅的晚礼服，在裙摆边缘、衣身的边缘装饰二方连续图案，让整件服装富有节奏感，具有很强的色彩表现力。把二方连续图案的宽度加宽会呈现另一种效果，这样夸大图案起到突显作用，虽然在衣服的边缘处，但是通过宽度的增加，带状的感觉减弱，装饰面积有所增多，可以算作装饰主体了，这种方式让服装呈现出的效果更具现代感。与服饰结合的二方连续不仅可以是直线条的，也可以是曲线、折线，工艺上可以是刺绣，也可以是印花。

图 6-10　单独图案的运用（作者：杨妍）

图 6-11　二方连续图案的运用

2. 四方连续图案

四方连续图案是指由一个纹样组成的一个单位，向上、向下、向左、向右四个方向反复连续而形成的图案（图6-12）。四方连续运用在服饰设计中最常见的就是面料的设计。四方连续常见的排法有梯形连续、菱形连续和方形连续等。在设计图案时，要注意单元图形不能杂乱无章，要做到有主有次，充分利用空白处所产生的节奏感，整体上松紧适度，节奏流畅，自然平稳，颜色上也要有层次性，并要符合服装的艺术特点。四方连续图案多是根据面料本身的图案设计，也就是先有各式图案的面料，再根据面料的风格、质地、颜色等因素设计与之适应的服装款式，常见的是以具象变形图案为元素的四方连续面料纹样设计。

（三）适合图案

适合图案指把图案纹样组织在一定的外形轮廓中的一种装饰效果，可分为形体适合、角隅适合、边缘适合三种形式。适合图案的外轮廓一般都是规整的几何图形，如长方形、圆形（图6-13）、三角形、多边形等。适合图案可大可小，大到整个衣片，整个后肩部，小到一片领子、一个口袋、一只袖克夫等。适合图案在服装上一般是针对服装的整体廓形而定制的，也就是先有服装造型，后有图案设计，装饰部位一般都是单面的，工艺表现手段可以是平面的也可以是立体的。适合图案规整、大方，具有严谨的艺术特点，能够带来很强的视觉效果。

图6-12　四方连续图案的运用（作者：杨妍）　　　图6-13　童装中的适合图案

二、按构成空间分

按照构成空间分，图案可分为平面图案和立体图案。

1. 平面图案

平面图案是指在平面物体上所表现的各种装饰。平面图案的表现手段很多，如服装及配件所用的面料，通过印染、手绘等平面绘制的手法出现在服装上的图案（图6-14）。平面图案一经形成能够带来简洁平和、自然顺畅的视觉效果。

2. 立体图案

立体图案是指出现在服装上的图案具有立体效果（图6-15）。如利用面料制作的立体花、皱褶、蝴蝶结、装饰纽结等，或者用亮片、金属等在服装上层叠而成的装饰，此外，项链、手镯、耳环等配件类也都可以归为立体效果的图案。立体图案具有一定的空间立体感，增加了服装的视觉扩张力，还可以体现服装结构，辅助服装的整体层次和节奏感，可变性比较强，甚至随着人体的活动可以有所改变，比较灵活、有动感。这种表现手段在成衣及高级定制中常见。

三、按工艺手段分

图案的工艺手法多种多样，不同的工艺特点赋予了图案截然不同的感觉和气质。图案按工艺特点可分为印染图案、编结图案、刺绣图案、烫贴图案、拼贴图案等。因为工艺特点的不同，所表现的服饰图案会有截然不同的特点，即使是完全相同的图案，采用不同的工艺手法，也会在服装上表现出不同的风格。因此，要对不同的工艺手法进行区分、了解，使不同工艺表现的图案服从于不同风格的服装要求。

1. 印染

印染是指将设计好的花纹图案用色浆、涂料或其他专用颜料印在面料上（图6-16）。布料印染的方式有两种，一种是传统的涂料印染，另一种是与涂料印染相对的活性印染。活性印染就是在印染过程中不添加对人体有害的物质，且洗涤时不褪色、不缩水。童装面料采用的印染方式应当注意不能对儿童皮肤造成伤害。印染的特点是色彩丰富、纹样细致、层次多变、图案循环有规律，表现力强，可以是全身印染，也可以是局部印染，在童装当中广泛应用，还要根据花纹图案选用相应的工艺以表达出不同的效果。

图6-14 童装中的平面图案
（作者：朱帆）

图6-15 童装中的立体图案
（作者：韦晓琳）

图6-16 印染工艺

2. 钩编

钩编是指用粗细不同的线、绳、带等，通过经、纬的交织编排以及各种编织手法织造出起伏变化的装饰花型（图6-17）。编织针法和钩挑针法千变万化，可以是有凹凸感的立体造型，这种工艺手法的装饰形象具有类似浮雕的效果，也可以是镂空的效果。由于线的特殊肌理，最终呈现出的立体效果也是截然不同的，这种或紧或松的编织，规律严整，在手工操作的时候有很高的技术要求。

3. 刺绣

刺绣是指用针线在织物上绣制各种装饰图案。刺绣是中国的一种民间传统手工艺，在中国有上千年历史，苏绣、湘绣、粤绣、蜀绣为中国四大名绣。刺绣以其精致的视觉语言、复杂的制作工艺、丰富的色彩大量应用在服装设计中，绣线的针路和凸起的花纹使图案具有浮雕式的独特的造型美，同时又给人典雅精致的感觉，刺绣不仅可以体升服饰设计的品格，更能增加服饰设计的文化深度（图6-18）。刺绣发展到现在，除了传统的手工刺绣，为了迎合大批量的制作，更加方便快捷的机绣被广泛应用。

图6-17 钩编工艺

图6-18 童装上的刺绣图案

4. 手绘

手绘图案是指用笔调和染料在服装上直接绘制图案。这种方法最大的优点是图案不受印制工艺的限制，可以随意发挥，或写实、或写意、或肌理抽象，韵味独特。但一般需要较扎实的绘画功底，且绘制完毕后还需高温固色以保持图案长久。手绘图案多用于儿童表演装、前卫风格童装、休闲风格童装等。由于手绘图案的不可复制性，其价格也比较高昂。

第四节　童装图案设计运用

图案在童装设计中的具体应用主要考虑其在童装中的构成形式和运用形式，从这方面看，图案在童装设计中的应用具有无穷无尽、变化丰富的具体表现。

一、局部图案

局部装饰图案主要指图案运用于服装的某些边缘、服装中心，或呈散点状分散于童装上。从服装设计的角度可以这样理解：在服装款式构成中，凡是在视觉中可以感受到的小面积的形态就是点，而处在局部的图案就是服装上的点，由于点突出、醒目、有标志位置的作用，因而极易吸引人们的注意。设计师往往会借助不同风格的图案去装饰局部，以此来强调服饰的视觉重点，提升服装的艺术内涵，局部的图案在设计中应用得恰如其分，可以达到"画龙点睛"的视觉效果，如果运用不当，则会产生杂乱之感。

局部图案由于人体部位曲线的不同以及所处位置和周围环境的影响，会产生大小、明暗等视觉变化。这种变化常常影响人的视觉观感，使人产生错觉，有时甚至成为影响服装设计效果的重要因素。另外，人是立体的，也是运动的，设计师在为服装设计图案时也要考虑到服装图案的运动性和立体性。局部图案主要有边缘装饰和中心装饰两种表现形式。

1. 边缘装饰

图案边缘装饰是指在服装的门襟、领边、袖口、口袋边、裤脚口、侧缝、下摆、肩臀侧部等部位的图案装饰（图6-19）。领部和门襟靠近脸部，通常是图案用得最多、最讲究的部位，而且常与袖口、口袋边相协调和呼应。肩部与衣袖的设计是紧密联系在一起的，从不同角度丰富肩部图案的视觉效果都会增加不一样的内涵。在边缘部位常见的装饰图案是二方连续，可以凸现服装轮廓和线条以及穿着者形体的曲线特征，增强服装的精致感和优雅感，同时具有鲜明的特色。

2. 中心装饰

图案中心装饰是指在服装比较中心的部位，除去比较边缘的部位都可以算作中心部位，如胸部、腰部、背部、腹部、腿部、膝盖、肘部等使用图案装饰（图6-20）。中心装饰在童装中较多使用，通常会使用比较明显的单独纹样，对称形式以及非对称形式。胸部的装饰图案往往是整件服装的视觉中心和特色所在，同时也会是吸引儿童的地方，很容易影响整体服装效果。背部装饰空间宽阔，约束少，装饰的图案风格会比较自由。无论怎样设计，都要注意与服装整体的统一与和谐。

二、整体图案

整体装饰图案主要指图案大面积运用于一件服装，或者在一套服装中的单品以及某一系列服装中使用相同或相似的图案。整体装饰图案在设计时要注意将服装造型与整体图案进行组合，然后在大的整体中设计出小的局部，采取适当的比例关系，最后设计出完整的服装效果。使用整体的装饰图案往往会成为服装的特色，形成视觉的焦点。为体现儿童活泼可爱的天性，童装中的装饰性元素较多，整体装饰图案在童装中经常使用。

1. 单件装饰

单件装饰图案是对某一服装或配饰单体的独立性装饰图案（图6-21），比如大衣、裙子、裤子、T恤衫或帽子等上面的图案，这是最常见、最基本的服饰图案设计。单件装饰图案设计只需考虑与某一服装单体相适应，体现其风格和特色，至于整体着装的组合搭配则不需考虑，所以单件装饰对于着装者的可搭配性和适应性较好，同一服装单品完全可以根据消费者的喜好搭配出不同的整体着装效果。

图6-19　边缘装饰图案　　　　图6-20　中心装饰图案　　　　图6-21　单件装饰风格
　　　　　　　　　　　　　　　　　　　　　　　　　　　　　　　　　（作者：楼雨琪）

2. 配套装饰

配套装饰图案是指在整套服装及其配饰上使用相同或相似的装饰图案（图6-22）。这种图案设计追求整体配饰的协调感和完整感，在设计的时候已经考虑到着装者的性格特点、着装场合等因素，这种设计一般有一个装饰中心或主调，其他部分则是呼应、衬托，以追求整体的协调性和完整感。配套装饰图案设计要突出1～2个服装单体的图案，比如上衣和帽子用同一图案形成固定搭配。这种设计方式的重点在于主从关系的处理以及装饰重心的确定。如果把图案放在视觉中心的部位则会带来庄重、典雅的效果，如果想让服装别致新颖的话，可以将图案放在偏离视觉中心的部位。

3. 系列装饰

　　系列装饰图案是指几套衣服通过图案取得紧密的联系，相互呼应形成一个整体，而每套衣服又是完整和独立的。系列化的服饰设计能够更好地诠释产品的设计主题、设计方向，反映出产品的定位，提升品牌的形象特色，同时展现设计师所要表达的完整思路。

　　系列图案的设计是比较复杂的工作，要通过图案把整体服装联系在一起（图6-23），系列服饰中图案的相同或相似的元素，以不同的次序、大小、位置、色彩、风格等要素构成关联性，在服装图案中各自完整又相互联系，既具有个性同时又有整体的共性。

图6-22　配套装饰风格（作者：宋涛）

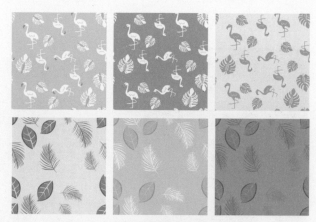

图6-23　系列装饰图案（作者：杨妍）

　　系列装饰包括几种方法：一是在几套相对独立完整的服装上使用相同或类似的图案作装饰，图案在这里起到"纽带"的作用，图案作为系列元素使几套服装之间紧密联系、相互呼应，比如印花系列、团花系列等；二是在完全相同的服装款式上设计不同的装饰图案，比如婴儿系带内衣经常使用相同款式；三是完全相同的服装款式上使用相同的图案，变化图案的装饰位置和面积大小以及色彩，巧妙又有新意地选择装饰部位，从而使整个系列的服装和谐又富有变化。

第七章
不同年龄段儿童的童装设计要点

童装设计不同于成人装设计，因为儿童的心理和生理会随着年龄的不断增长而快速变化，各年龄段之间表现的体型特征各不相同，不仅有纵向的身高差距、还会有横向的胖瘦之分。儿童在不同的年龄段性格、神态、形体都有一定的差异，这是童装结构设计、造型设计和色彩设计最根本的依据，处在生长阶段儿童，生理和心理伴随着年龄增长出现变化。不同年龄段的儿童对服装的色彩、面料及款式设计的要求存在差别，尤其一些童装款式、结构仅适用于儿童某个成长阶段。因此，童装设计具有鲜明的年龄特征，童装设计的重点在于严格把控服装的功能性、实用性、安全性，以满足不同年龄段儿童对于服装本身的需求。

第一节　儿童年龄分段

联合国《儿童权利公约》界定："儿童系指18岁以下的任何人，除非对其适用之法律规定成年年龄低于18岁。"中国的《未成年人保护法》规定，"未满18周岁的为未成年人"，虽然此规定没有对儿童给出明确的定义，但内涵与《儿童权利公约》中的"儿童"概念保持一致，符合目前国际通行的对儿童的界定。儿童心理学研究，通常将个体从出生到青春期初期(14岁左右)的心理发展作为研究对象。尽管依照国际惯例，将未成年人统称为儿童，但是不同的国家或地区对儿童年龄的界定却有所区别。按年龄分类是根据儿童年龄段来对服装进行划分，是童装设计中最主要的分类设计。

一、婴儿（0~1岁）生理和心理特点

0 ~ 12个月为婴儿时期，是潜意识吸收阶段，这个阶段的儿童拥有超强的学习与记忆能力，并以惊人的速度发育生长。基本的体征表现为头大身子小，身高约有4个头长左右，手臂和腿部多呈弯曲状态且短小。0 ~ 6个月的婴儿成长速度很快，处在萌生期，对周围的环境和物品充满好奇但缺少辨别能力。7 ~ 12个月的婴儿开始牙牙学语，逐步拥有自己的意识，并且学会爬行、翻滚甚至开始学会走路或自立行走。婴儿时期的生理特点是体温调节能力差，易出汗，排泄次数多，皮肤娇嫩，穿脱服装完全由父母代替完成（图7-1、图7-2）。

二、幼儿（1~3岁）生理和心理特点

1 ~ 3岁为幼儿期。这个时期的孩子体重和身高都在迅速发展，体形特点是头部大，脖子短而粗，四肢短胖，肩窄腹凸，肚子圆滚，身体前挺。男女幼儿基本没有大的形体差别。此时孩子开始学走路、学说话，活泼好动，有一定的模仿能力，能简单认识事物，对于醒目的色彩和活动

极为注意，游戏是他们的主要活动。这个时期也是孩子心理发育的启蒙时期，因此，要适当在服装品种上加入性别倾向（图7-3）。

图7-1 婴儿服饰秋冬 　　　　　图7-2 婴儿服饰春夏 　　　　　图7-3 幼儿服饰（作者：杨妍）
（作者：杨妍）

三、小童（4~6岁）生理和心理特点

4～6岁儿童正处于学龄前期，又称幼儿园期，俗称小童期。小童期体形的特点是挺腰、凸肚、肩窄、四肢短，胸、腰、臀三部位的围度尺寸差距不大。身体高度增长较快，而围度增长较慢，4岁以后身长已有5～6个头高。这个时期的孩子智力、体力发展都很快，能自如地跑跳，有一定语言表达能力，且意志力逐渐加强，个性倾向较明显。同时这个时期的儿童已能吸收外界事物并能够接受教育，通过学习唱歌、跳舞、画画、识字表现出自己的兴趣爱好。在父母的引导和教育下，男孩与女孩在性格、穿着、爱好等方面的差异也越来越明显（图7-4）。

四、中童（7~12岁）生理和心理特点

7～12岁为中童期，也称小学阶段。这个阶段男女体格的差异也日益明显，女孩子在这个时期开始出现胸围与腰围差，即腰围比胸围细。此时的儿童生长速度减缓，体形变得匀称起来，凸肚现象逐渐消失，手脚增大，腰身显露，臂腿变长。这个阶段是孩子运动机能和智能发展显著的时期，孩子逐渐脱离了幼稚感，有一定的想象力和判断力，但尚未形成独立的观点，生活范围从家庭、幼儿园转到学校的集体之中，学习成为生活的中心。处于小学阶段的儿童仍非常调皮好动，不过能够一定程度地规范自己的行为，受父母、同学以及周围环境的影响，对美的敏感性增强，意识里对服装有自己的看法和爱好（图7-5、图7-6）。

五、大童（13~17岁）生理和心理特点

13～17岁的中学生时期为大童期，又称少年期。这个阶段的少年身体发育明显，这个阶段同时也是逐渐向青春期转变的时期。这个阶段的少年体形变化很快，身头比例大约为7：1。男女性别特征明显，差距拉大，女孩的胸部开始丰满起来，臀部的脂肪也开始增多，骨盆增宽，腰部相对显细，腿部显得有弹性。

图 7-4　小童服饰
（作者：吴艳）

图 7-5　中童女装
（作者：吴晨霞）

图 7-6　中童男装
（作者：吴晨霞）

　　男孩的肩部、臀部相对显窄，手脚变长变大，身高、胸围、体重也明显增加。不过，他们的身材仍然比较单薄。由于生理的显著变化，这个阶段的男孩在心理上也很在意自身的发育，情绪易产生波动，喜欢表现自我，开始出现反潮流、反社会的叛逆心理（图 7-7、图 7-8）。

图 7-7　大童男装（作者：计海伦）

图 7-8　大童女装

第二节　婴儿装设计

　　婴儿装是童装中的精品，"精"即面料之精，讲究绿色环保；造型之精，注重别致舒服；设计之精，呈现赏心悦目；结构之精，强调安全服用性。

一、造型

婴儿大部分时间是处于睡眠中，生活完全不能自理，对大部分事物没有自主意识。这一时期的童装特别注重舒适性、安全性和实用性，款式尽量简洁、平整、光滑宽松的廓形有利于保护儿童稚嫩的皮肤和柔软的骨骼，新生儿穿的衣服不需太讲究样式美观，而是要宽松肥大，便于穿脱。上下连体式设计能很好地减少接缝，使服装更加平整光滑。裤门襟开合要得当，以便更换尿布，不过尿不湿的发明使婴儿装设计的烦琐程度稍有改观。婴儿头大颈短（图7-9），适宜采用无领或交叉领等领窝较低的领型，方便婴儿颈部的活动，不适宜采用套头的款式，以免造成穿脱不便，开门襟或斜襟的设计比较适宜，服装连接部位可采用襻带、纽结等形式，避免粗硬的纽扣、拉链划伤儿童稚嫩的肌肤。

常见婴儿装包括罩衫、围嘴、连衣裤、棉衣裤、睡袋、斗篷等。罩衫与围嘴可防止婴儿的唾液与食物弄脏衣服，具有卫生、清洁的作用。连衣裤穿脱方便，婴儿穿着较舒适自如。睡袋、斗篷则可以保暖，也易于调换尿布。婴儿装要易洗、耐用，多选用柔软透气的纯棉布、绒布制作，缝合处要避免硬结。

二、色彩

婴儿装主要以健康、舒适和安全为原则。色彩方面选择明度纯度适中，淡雅清新的浅色系，如米白色、奶白色、白色、淡粉色、淡蓝色、淡黄色、淡紫色等，强调洁净以及亲肤的柔软感。因为婴儿睡眠时间长，视觉神经尚未发育完全，服装上的图案也以小巧精致为主，如粉色系的花朵图案和小动物图案等，清新、明快的色彩氛围与婴儿稚嫩的皮肤相得益彰，不仅可以避免染料对婴儿皮肤的影响，而且还能衬出婴儿健康、纯真和娇憨可爱的特点，切勿使用夸张、怪诞和诡异的图案做装饰，以免过强的视觉冲击影响婴儿的健康成长。

另外，婴儿需要安静（图7-10）、舒适的色彩氛围（图7-11），所以应避免太过鲜艳且刺激性强的色彩。又因婴儿时期是人生的起点，象征着蓬勃的朝气和生命力，是人们的希望所在，深沉而毫无生气的色调也不适宜。

图7-9 婴儿（作者：王伊千）　　图7-10 婴儿蓝色帽子（作者：杨妍）　　图7-11 适合婴儿的颜色

三、面料

面料选择要针对婴儿的生理特点，宜采用吸湿性强、透气性好、对皮肤刺激小的天然纤维，其本身良好的生物相容性有利于维持婴幼儿身体正常热湿平衡度，保护婴儿皮肤健康，有利于新陈代谢。例如纯棉布、绒布等柔软的棉织物等，棉布轻松保暖，柔和贴身，吸湿性、透气性非常好；绒布手感柔软、保暖性强、无刺激性（图7-12、图7-13）。另外，婴儿装也可以选用细布或纱府绸，其布面细密、柔软。避免使用涤纶等纯化纤材料，合成纤维吸汗性、透气性差，容易导致皮肤出现皮疹、汗疹等症状。

图 7-12 婴儿专用棉料　　　　　　　　　　图 7-13 婴儿专用棉麻面料

四、结构与工艺

婴儿装必须是让婴儿处在一个舒适、卫生安全的状态下，要实现这种穿着环境，必须充分考虑婴儿装与婴儿的形体、动作的空间关系，并研究与这种空间密切相关的结构、形状、尺寸。

例如，睡袋式结构中，前或后开襟，用不同于成人的穿衣方式将婴儿放入衣内（图7-14、图7-15）。背带式结构是裤（裙）装代替腰带式，以肩部来承担衣服的重量，减轻腹部压力、保护内脏器官发育，有利于婴幼儿生长和运动。因婴儿排泄不能自控，中国传统的开裆裤结构处理显然不符合卫生要求：其一，开裆部分保暖程度下降；其二，婴儿活动中（特别是爬坐）开裆部分易散开使保护功能丧失。合理的裤装设计应是下裆部位加开口，并以搭扣闭合处理。套头衫要充分考虑头部的尺寸和比例，领口部位要选用延伸性好的面料，结线处理以简洁为主，尽量减少分割，避免由于缝头部分的摩擦造成婴幼儿皮肤的不适与损伤。

五、图案

婴儿生理发育尚未成熟，婴儿装上的图案不宜选择视觉冲击力太强、夸张或者怪诞的图案，建议采用比较简单可爱、色彩温和的图案，色彩相对柔和淡雅，同时出于安全性考虑，工艺要求比较高。婴儿的体形特征十分可爱，用小动物、小玩具、植物花卉图案来装饰婴儿服，不仅天真富有趣味，还能降低图案对婴儿的视觉刺激。图案可装饰在口袋、领、前胸等部位，也可用在整件衣服上。婴儿装常采用刺绣、贴布绣等方法进行装饰，如简单的彩绣、打揽绣、褶绣、贴绣等（图7-16）。

图 7-14　婴儿睡衣（作者：杨妍）　　图 7-15　婴儿睡袋（作者：杨妍）　　图 7-16　婴儿服饰刺绣图案

第三节　幼儿装设计

　　幼儿活泼好动，较婴儿而言活动量明显增加；随着大脑的发育和意识的增长，幼儿对服装的色彩、图案形象、装饰等开始有了自己的喜好。因此，设计师在进行幼儿装设计时，必须对幼儿有深入的了解，才能设计出符合幼儿需要的服装。

一、造型

　　幼儿服装造型不仅要适体耐看，还应该注重儿童形体结构，服装造型整体上应宽松活泼，廓形简洁，以方型、A字型为宜。在幼儿女装造型方面，廓形多采用A型，如连衣裙、小外套、小罩衫等，在肩部或前胸设计育克、褶、细褶裥、打揽绣等，使衣服从胸部向下展开，自然地覆盖住突出的腹部；同时，裙短至大腿，利用视错觉可造成下肢增长的感觉。使用频率最高的为连身式结构和吊带式结构，穿脱方便，易于活动，造型有趣美观，需要时可及时添加外套，如裙或背心裤、背带裙等的设计。幼儿男装外轮廓多用H型或O型，如T恤衫、灯笼裤等。由于幼儿的颈短，领型设计需简洁，领子平坦而柔软，忌花边装饰。春、秋、冬三季使用小圆领、方领、娃娃领比较合适，夏季可选用敞开的V字领和大、小圆领等，有硬领座的立领不宜使用。口袋是幼儿童装设计的重点强调部位，幼儿对口袋十分钟爱，常常喜欢把一些小东西藏入口袋中。口袋设计要兼顾功能性和装饰性，形态要富有趣味性，袋口缝合要牢固。

　　幼儿装品类一般有罩衫、两用衫、裙套装或裤套装、背带裤、背心裙、派克服、羽绒服、衬衫、毛衣、绒线帽、运动鞋、皮鞋、学步鞋等（图 7-17、图 7-18）。

二、色彩

　　幼儿装色彩通常以鲜艳、明亮的色调或耐脏的色调为宜。比如，经常使用鲜亮而活泼的三原色、对比色，或在衣服上加入各种彩色图案装饰，都会给人明朗、欢悦和轻松的印象；藏蓝色、咖啡色、土黄色等深色调除具有耐脏的实用功能外，与白色或柔和的色彩搭配会使幼儿装产生小大人似的优雅和庄重感，别有一番成人装的气质。

春夏季节多选用清爽、柔和、清新的色彩，温馨且活泼，如粉蓝色、粉红色或冰激凌色系、马卡龙色系，能够给人轻松甜美的感觉；秋冬季节多采用色块镶拼、撞色的表现手法，视觉效果强烈。

图 7-17　幼儿运动服饰（作者：严烨晖）

图 7-18　幼儿背带裤（作者：严烨晖）

三、面料

幼儿活泼可爱，对世界充满了新奇感，好学好动，但不具备自我保护意识，在面料上可选用质地结实、耐脏、耐磨且伸缩性好的天然面料。由于幼儿装洗涤频率高，易洗快干的面料也是较好的选择。

春夏季可用柔软凉爽、透气、吸湿性好的棉纺（图 7-19）或精纺细布（图 7-20），尤其是各类高支纱针织面料，如泡泡纱、条格布、沙卡、麻纱布等。秋冬季节宜用保暖性好，耐洗耐磨的灯芯绒、斜纹布、卡其等面料，也可选用柔软易洗的棉与化纤混纺面料，比如绒呢、平绒、中长花呢等。而且这个年龄段的儿童通常有随地坐、到处蹭的习惯，所以膝盖、肘部等关键部位经常选用涤卡、斜纹布、灯芯绒等面料进行拼接。

图 7-19　幼儿春夏装面料（作者：吴艳）

图 7-20　精纺细布制作的幼儿装

四、结构与工艺

幼儿装的结构应考虑其实用功能。为使幼儿能穿脱衣服，门襟开合的位置与尺寸需合理，多数设计在正前方位置，并使用全开合的扣系方法。幼儿肚子圆滚，所以腰部很少使用腰线，基本没有省道设计。幼儿好动，服装制作时缝线要牢固，必要时采取多次缝纫的针线以免活动时服装开裂。幼儿的皮肤稚嫩，因此服装上应避免大面积使用拉链装置，可以优先考虑按扣、纽扣设计来代替拉链工具的功能。

五、图案

幼儿期的图案装饰主要以模仿、仿生设计为主，不但装饰效果独特，同时也有助于对儿童进行认识生活、认识自然、热爱生命的启发教育。如口袋是幼童的"百宝囊"，很能吸引其注意力，可将幼儿对口袋的喜爱转变为对探索自然的喜爱，可把口袋设计成动物、树叶、花卉等形态，既实用又富于趣味性。再如生肖宝宝装不仅营造了儿童特有的纯真，同时也告诉了孩子要爱护动物、保护环境。童装的领形、后背的口袋、帽子等局部设计都可以在色彩和形态上进行仿生构思，与整体融合后可以成为视觉焦点，使童装更显得生动可爱、富于童趣。

第四节　小童装设计

这个时期儿童的体态与前期相比，腿部、肩部、胸围会有明显的增长，童装也由简单的块面结构转向注重细节及零部件刻画的分割设计，但仍要遵循减法的原则，细节不要过于累赘。当安全与流行相碰撞时，流行应让位于安全，这是童装设计永远不变的原则。

一、造型

整体上，小童装的造型与幼儿装相似，廓形方面比幼儿装更加明显，常见的有 A 型、H 型以及 O 型。由于这个时期男孩和女孩在性格上有一些差异，加上父母为了突出孩子的性别，因此，在设计中男童装和女童装会存在明显的差别。男童装经常使用 H 型、O 型或者直线型轮廓，以显示小男子汉的气概，下装多以宽松舒适的裤装为主（图7-21）；而女童装则多使用 X 型、A 型或曲线形线条来展示女童文静娇柔的气质，连衣裙、吊带裙、背心裙等裙类造型基本都运用在女童装中（图7-22）。细节上，女童装的装饰设计比男童装更加优雅、花哨，多以花纹、蕾丝为主，男童装则简洁明了，这样的造型差异能让儿童通过生活中穿衣戴帽的小事，培养自己的审美情趣和独立意识。

小童装品种有女童的连衣裙、背带裙、短裙、短裤、衬衣、外套、大衣，男童的圆领运动衫、衬衣、夹克衫、外套、长西裤装、短西裤装、背心、大衣等。这类服装既可作为幼儿园校服用，也可以作家庭日常生活装用。

图 7-21　男小童常见服饰搭配（作者：杨妍）

图 7-22　女小童常见连衣裙

二、色彩

　　这一时期的儿童喜好高彩度、高明度、鲜艳明快的色彩，不太喜欢灰度高的中性色调（图7-23）。设计师可以运用红色、绿色、黄色、紫色等高明度的纯色搭配奇幻的动物或卡通图案、鲜艳的花草纹样等，来表现孩子的天真、童趣以及无忧无虑的天性。低彩度色彩、无彩色或者协调柔和的色彩也会使小童装展现出另一种庄重和正式感，从而赋予童年一抹智慧而聪颖的色彩，进而培养他们独立的个性和审美观念。当然，这种搭配风格也并非是一成不变的刻板原则，它受时代文化、流行趋势或流行色的影响而不断变化（图7-24）。

图 7-23　童装撞色设计

图 7-24　高彩度童装设计（作者：陈丽）

三、面料

　　在面料应用选择方面，范围可以放宽，不褪色较结实的纯棉、麻及经过处理的混纺面料是比较理想的面料。秋冬季节的外套设计，在不影响效果的前提下除了采用纯棉，其他面料如毛腈混纺类织物也同样适用，不仅造型感好、色泽鲜艳，更易打理，方便收藏。

四、结构与工艺

这个阶段，童装设计应以实用性、保护性为主，结构要科学合理，系带、扣襻、刺绣等装饰可以不受更多的限制，外在形态表现上可选择套头结构、工装裤结构、防风服结构等。

首先，小童进入幼儿园生活，会经常和其他小朋友一起嬉戏打闹，因此，童装整体结构设计最好选择上下装分离式组合，可以随天气变化及时加减衣服，穿脱、换洗方便。其次，裤子基本造型设计以宽松为宜，立裆要适当加长，收紧脚口或在脚口处加入松紧带设计，方便儿童活动；服装的开口或系合物应设计在正面或侧面比较容易看得到、摸得着的地方，并适量加大开口尺寸，扣系物要安全耐用；口袋设计要实用，制作工艺要结实牢固，因为口袋是儿童的"藏宝阁"。

五、图案

为了适应小童期儿童的心理，服装上的图案十分丰富，大多取材于神话故事、童话故事或者动画片里面的人物、动物、花草、玩具、文字等（图7-25）。而五六岁的孩子求知欲强，对动画片特别感兴趣，在服装中加入当下流行的卡通片、动画片里的人物和动物做图案装饰，不仅能瞬间吸引小童的注意力和购买欲，同时还能提升服装本身的层次感。

图7-25 各类图案题材T恤

第五节　中童装设计

中童已进入小学，处在幼儿后期向少年过渡的阶段，电脑、外语、电视、旅游伴随着他们的生活，他们视野开阔、个性极强，是运动机能与智力发展最显著的时期。因此，中童装的设计更多的是考虑户外活动和集体生活的特点。

一、造型

中童时期童装已由绝对的功能性、实用性向时尚性、流行性转变。在这个阶段，儿童自身对服装颜色和款式设计有自己的意见和看法，会和朋友一起品头论足，并用意识里存在的时尚眼光判断服装的美与丑，不掩饰自身的直观感觉。这个时期的童装设计要考虑到礼仪性，兼顾时尚与流行，在设计中引导儿童按穿着目的和场合着装。整体造型上，中童服装以宽松的运动服饰为主。

中童时期，男童和女童之间的身体差异越来越明显。男中童的日常运动和生活范围越来越广，例如踢球、骑自行车、上网、滑板、郊游，并希望自己具有男子汉气概，因此，男中童装造型基本以干净简洁的 O 型、H 型为主，避免华而不实的装饰性设计（图 7-26）。女中童体形已逐渐开始发育，腰线、肩线和臀线明显可辨，身材也日渐苗条，女中童服装可采用 X 型、H 型、A 型等外轮廓造型，连衣裙分割线也更加接近人体自然部位（图 7-27）。女中童日常服装可以分为高腰、低腰、中腰，即梯形、方形、X 形等近似成人女装造型，风格多为都市休闲类；春夏季节以马甲裙、背带裤、裤裙、T 恤、连衣裙、短裙为主，秋冬季节以防风服、牛仔装、卫衣、棉服、大衣为主。男中童春夏以 T 恤、衬衫为主，秋冬季节和女装没有太大区别。

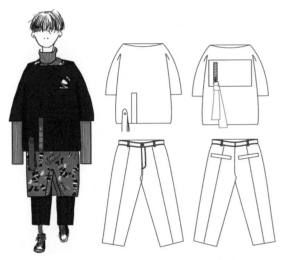

图 7-26　男中童着装（作者：杨妍）

图 7-27　Moque 2019 春夏系列

二、色彩

大多数情况下，中童装的色彩不宜过分鲜艳，多用调和的色彩取得悦目的效果，当然，在某些场合和环境下，中童装的色彩也会有不同的设计理念。在校园的集体生活中，中童以校服为主，因此校服色彩以大方、庄重为宜，如藏青色、蓝色、白色或者红色；节日装则以鲜艳、亮丽的色彩来烘托气氛；春夏的服装色彩以清新、明朗为基调，如天蓝色、浅黄色、白色、草绿色等，适当加入灰色调节；秋冬的服装色彩以温暖的中性色调为主，如土黄色、藏青色、墨绿色、咖啡色、暗红色等。这一时期童装的配色自由度较大，主要体现儿童积极、健康向上的精神风貌（图 7-28）。

三、面料

受款式和造型设计的影响，中童装的面料适用范围较广，天然纤维和化学纤维织物均可使用。吸湿性强、透气性好、垂性大，对皮肤具有保护作用的棉纺织物面料，可以用于内衣及连衣裙；而外衣则尽量选用轻柔、舒适、耐洗涤、不褪色、不缩水、耐磨性好的天然纤维织物或化纤混纺织物，如质地结实、耐磨的牛仔织物、卡其织物等。

各类混纺织物也可使用，混纺织物质地高雅、美观大方，易洗涤、易干燥，弹性较好，比如色织涤棉细布、灯芯绒、中长花呢、坚固呢、劳动布、涤纶、哔叽等都适宜制作中童装。天然纤维与化学纤维两者组合搭配，还可以产生肌理对比、软硬对比、厚薄对比等不同效果。这一时期童装的性别差异明显，可根据男女童装的设计风格和服装品种进行多种面料的合理选择和搭配（图 7-29、图 7-30）。

四、结构与工艺

中童时期的男女装不仅在造型、品种上有所不同，在结构工艺以及尺寸规格上也有区分。女童随着年龄增长，胸腰差越来越明显，因此在结构上需要收省道，以此来突出女童身材比例；其次，女童装中装饰工艺明显增多，例如，花边造型设计，领口和袖口的大量蕾丝边处理，等等。男童在这一时期活泼好动，运动量大，结构和工艺上主要考虑服装的牢固性和安全性。中童装一般采用组合形式的服装，以上衣、罩衫、背心、裙子、长裤组合为宜（图 7-31）。

五、图案

为了突出这一时期的儿童合体、干净、利落的精神形象，同时，处在中童时期的儿童还没有表现出明显的叛逆心理。因此，服装上的图案装饰一般不会过于烦琐和过分追求华丽，常采用一些标志图案如字母、小花、小动物等装饰点缀，或采用一些色块的拼接使用，有想法的设计师会在此基础上，加入一些花边、刺绣、流苏、搭扣、拉链、蝴蝶结、镶边等细节处理，通常会起到画龙点睛的效果。

（a）　　　　　　（b）

图 7-28　春夏男中童服装色彩设计

图 7-29　休闲风女童装面料设计
（作者：严烨晖）

图 7-30　休闲风男童装面料设计

　　　(a)　　　　　　(b)　　　　　　(c)　　　　　　(d)

图 7-31　男女中童服饰搭配组合方式（作者：杨妍）

第六节　大童（少年）装设计

　　大童装介于青年装和儿童装之间，这一时期的儿童在生理上和心理上都开始接近成年人，拥有较强的个性和自己独特的服装审美，对服装的要求以流行化和个性化为主。大童装整体上不太有自己的特点，款式、造型变化极其丰富且灵活多变。

一、造型

　　大童装的造型设计，更多是受其心理健康发育限制，此时大童的叛逆心理逐渐展露出来，他们渴望成长成熟，不希望被人评价为"天真活泼""幼稚年少"等。因此，大童装的款式如果过于天真活泼，他们都不太愿接受；而款式太过成人化，又显得少年老成，没有了少年儿童的生气和朝气。在服装的装饰方面，大童装图案类装饰应当减少，局部造型以简洁为宜，必要时可以适当增添不同用途的服装。

　　这一时期，大童心理复杂且变化莫测，设计师要充分观察掌握少年儿童的生理和心理变化特征，掌握他们的衣着审美需求。要在设计中有意识地培养他们正确的审美观念，指导他们根据目的和场合选择适合自己的服装。

　　校服是大童这一时期的典型服装，因生理和心理的明显差异，此时的男学童装和女学童装存在明显的区别。女学童装廓形上主要采用近似成人的轮廓造型，例如 X 型、O 型、H 型等，大部分女学童通常选择中腰 X 型的造型，能够展现娟秀的身姿，或是上身适体下裙展开，略显腰身身材比例的 A 型，这类款式都干净利落，符合女学童的气质形象。为使行动方便，以及整体效果显得端庄，袖子要比较合体，可使用平装袖、落肩袖、插肩袖等结构，也可采用泡泡袖、衬衫袖、荷叶袖等造型。

　　春夏季男学童的服装通常由 T 恤衫、衬衫、西式长裤、短裤或牛仔裤组合而成，或者牛仔裤与针织衫搭配、牛仔裤与印花衬衫搭配，此外，运动上装与宽松长裤的搭配也很受青睐。男学童在心理上希望具有男子气概,着装上也会主动模仿成年人的打扮和穿着,部分个性叛逆的男学童会穿着一些怪异的服装来彰显个性。整体来说,男学童春秋上装以夹克衫、毛线背心、毛衣或灯芯绒外套等为主,冬季则改为棉夹克。衬衫和裤装均采用前门襟开合,与成人衣裤相同。外套以插肩袖、落肩袖、装袖为主,袖窿较宽松自如,以利于日常运动。服装款式应大方简洁,不宜加上过多的装饰(图7-32、图7-33)。

图7-32 没有图案装饰的大男童装(作者:杨妍)

图7-33 日常外出大男童装(作者:杨妍)

二、色彩

随着年龄的增长以及对社会、人生认识的逐渐加深,处于大童时期的儿童的自我意识越来越强烈,也逐渐形成自己的性格气质。红色、白色、黄色、玫瑰色、粉色、蓝色、绿色等明亮色系搭配出的富有青春气息的色彩最能体现他们积极向上、健康的精神风貌。女大童装经常采用一些柔和的粉色调,比如浅粉色、粉紫色、嫩黄色等,还经常选用一些清新风格的印花面料。有时深沉平淡的无彩色及中性色如米色、咖啡色、深蓝色或墨绿色等也会受到她们的青睐。

图7-34所示这种自由多变的色彩风格正好与他们求新、求异、求奇、善变的性格特征相吻合,他们敢于冒险的精神促使其追逐时尚,而流行色也是他们衣橱中不可缺少的色彩(图7-35)。

图7-34 自由多变的色彩风格

图7-35 流行色的童装

三、面料

大童装因服装的功能不同，其性能也随之变化，因此面料可选用的材料很多。校园内以及日常外出服饰以化纤面料、牛仔面料、涤纶面料为主；居家服饰则主要采用天然纤维面料，如丝、棉、绸缎等；外出服装的面料更多采用化纤织物。总之，这一时期服装面料的选择范围非常宽泛，但面料的性能要满足学生运动及身体发育的需要。

四、结构与工艺

鉴于大童活动量大的特点，这个时期的服装工艺主要还是讲究牢固、实用，其次才是流行性和时髦性。为了适应大童体形的快速生长，服装的结构设计放松量相对较大，臀部、膝盖、肩部经常使用一些比较宽松的设计，还经常使用各种分割和拼接，在经常磨到的部位如膝盖、胳膊肘等部位经常使用一些耐磨、加固工艺设计，比如使用绗缝工艺、双层设计等，大童装的纯装饰性工艺比较少见了。大童的体形已经接近成年人，服装结构也接近成年人服装。大童已经有较强的个性，因此服装款式要新颖，能很好地表现少男少女朝气蓬勃的气质。

五、图案

大童心理相对已经比较成熟，有自己的审美思想和观念，会模仿明星、电视剧、电影里的着装打扮。因此，日常服装图案则基本可以借鉴成年人服装图案的设计，装饰的手段多采用机绣、电脑绣、贴绣等，带有较强的现代装饰情趣。有部分大童开始出现叛逆心理，喜欢用一些"嬉皮士""朋克""雅皮士"等夸张、炫酷的图案来表达内心的想法。其次，大童处在学习成长时期，日常生活以校园集体活动为主，日常服装也以校服为主。学生服则经常用学校的校名、徽志等具有标志性的图案进行装饰，图案精巧、简洁，位置多安排在前胸袋、领角、袖克夫等明显的部位（图7-36、图7-37）。

图 7-36　Stefania 品牌 2019 春夏系列

图 7-37　图案在胸前（作者：管锦萍）

第八章
不同品类的童装设计要点

　　童装品类繁多，基于不同场合、环境、季节和实际生活的需求而形成各式各样的童装，大到日常生活的外套、裤装、裙装、套装，小到发饰、袜子、手套、内裤等都属于设计师考虑的范围。有些童装的品种和款式出现频率较高，是儿童日常生活中经常穿用的具有代表性的服装；有些则处于不太重要的从属地位，出现频率低，属于偶尔为了配合整体服装搭配而出现的品种。设计师应充分了解和把握这些童装品类，从不同的角度对其进行探讨，把不同品类童装设计的理论知识应用于实践中。

第一节　儿童日常装设计

　　儿童日常生活穿用的服装称为儿童日常装，也称为儿童生活装。根据四季温差，儿童日常装分为春、夏、秋、冬四季，服装公司一般分春夏和秋冬两季进行产品设计和开发。儿童日常装以实用、舒适、美观、安全为前提，满足儿童在不同环境、不同身份、不同空间的需求，适应不同季节的气候变化。儿童日常装依据品种主要分为裙装、裤装、衬衫、T恤、夹克、毛衣、羽绒服、休闲西装等。

一、裙装

　　裙装在女童服装中占有很大比重，是女童春夏季最主要的服装类别。裙装设计以其丰富的款式、独特的魅力而受到广大女童和家长的青睐，其总体造型有飘逸、灵动、乖巧之感，主要风格有甜美、淑女、田园、民族等。根据裙装的款式和穿用方式有连衣裙、半身裙、背带裙和组合裙式裙装，裙装设计要以不同年龄阶段女童的体型特征为参考依据。

1. 连衣裙

　　连衣裙指将上身和下身连接在一起的裙装，其造型结构上主要分为有腰节分割连衣裙和连身无腰节分割连衣裙。有腰节分割连衣裙通常是在腰部上下使用分割线，能感觉到腰节的存在，有腰节分割连衣裙按腰节线的位置分为高腰节、中腰节（正常腰节位）、低腰节；连身无腰节分割连衣裙上下装的衣片是完整的，腰部没有分割线，值得注意的是，这类裙装是通过腰部的放松量和位置的高低来体现腰节。腰节的造型、底摆的收放量以及直线、曲线的廓型组合塑造出不同的裙型，如A型、H型、O型、X型等。一般来说，年龄偏小或体形偏胖的女童比较适合无腰节裙和高腰节裙，腰部宽松的造型能遮挡凸出的腹部，底摆张开的A型裙或褶皱设计的裙片能体现小童天真、活泼、可爱的性格特点；年龄偏大的女童适合穿有腰节的裙装，女孩到了少女时期，背长加长、胸部凸出、腰围变细、胸腰差越来越明显，身材呈明显的S型，有腰节的裙子腰节线大都在腰部，通常通过收省、收褶等手法处理，这样会显得女童整体修长、优雅，能够较好地勾勒出其曼妙的体型。

根据穿着季节的不同，连衣裙也可以分为长袖连衣裙（图8-1）、短袖连衣裙、无袖连衣裙（图8-2）等。此外，吊带裙也属于连衣裙的一种，是女童夏季最常用的服装款式，其特点是没有领子和袖子的设计，在肩颈部仅有吊带设计，吊带的变化丰富多样。利用上装和裙体的各种可变化因素进行设计组合可构成多种风格、多种造型、多种款式的连衣裙。

图8-1 长袖连衣裙

图8-2 无袖连衣裙（作者：邹玥）

2. 半身裙

半身裙按长短分为长裙、中长裙、短裙和超短裙；按外形分为直身裙、喇叭裙、A字裙、灯笼裙、圆台裙等；按结构分为两片裙、三片裙、四片裙、八片裙等；按工艺分为百褶裙、对褶裙、波浪裙、绣花裙等；按腰节高低分为高腰裙、中腰裙、低腰裙；按是否上腰分为连腰裙、无腰裙；按腰头造型分为腰部松紧裙和装腰裙。

半身裙是着装整体造型中的一部分，需要和其他上装搭配穿着，T恤搭配牛仔裙、衬衫搭配小A裙、紧身毛衣搭配百褶裙等不同组合形式会产生不同的视觉效果（图8-3）。由于半身裙处于下肢的位置而容易因色彩比例和轻重失去平衡感，所以，在设计上应充分考虑其装饰比例，比如使用异料镶拼、蕾丝花边等比重（图8-4）；在搭配上，充分考虑场合、环境以及上装的综合效果；在面料上，注重质感、款式尺寸的大小；在色彩上，把握好颜色的整体协调比例，以求得视觉、心理的平衡和变化。

图8-3 组合半身裙（作者：邹玥）

图8-4 蕾丝半身裙（作者：李雪）

3. 背带裙

背带裙（图8-5）是介于连衣裙和半身裙之间的一种裙装，它的造型是在半身裙的基础上加入肩带的设计，方便调节裙子的长度，多以牛仔面料、化纤面料为主。背带裙的肩带设计使裙子整体偏向西洋风格，乖巧中带着活泼感；其次，肩带设计要符合肩部的形态，同样需要有肩斜量而避免肩带下滑。年龄偏小的女童因其肩部窄小而不适合背带裙，年龄偏大的女童可以在背带裙内搭配衬衫、毛线衣和T恤等，或让一边的背带垂下来营造时尚的气息。

4. 背心裙

背心裙（图8-6）也称为马甲裙，是女童连衣裙的一个特殊类别，造型端庄大方，其款式结构与连衣裙相似，可设计成直筒裙、公主裙、百褶裙等样式，造型上也有高腰、中腰、低腰之分，设计重点则在领型、裙型、门襟三处及腰带的变化。背心裙是女童春、秋、冬三个季节的常规裙装，春季可以把领口拉低与衬衫、T恤搭配，彰显青春洋溢的少女气息，一般采用纯棉织物、牛仔布、化纤混纺织物等面料；秋冬季节领口要适当上提，整体与毛衫搭配，裙长在膝盖或膝盖以上为宜，面料一般使用稍厚一点的全棉织物、棉混纺织物、化纤混纺织物、毛混纺织物、毛织物、牛仔布或绗缝面料等。背心裙搭配在针织毛衣、衬衫等上衣外以及厚重的大衣、羽绒服外套的里面，根据具体款式、面料来装扮出不同风格和不同着装效果。

二、裤装

裤装是男女儿童四季着装中必不可少的品种之一。裤装按长短分为长裤、七分裤、中裤、短裤、热裤；按造型分为喇叭裤、直筒裤、锥形裤、紧身裤、灯笼裤、背带裤、裙裤等。春夏季的裤装面料轻薄柔软，秋冬季的裤装面料厚重密实，用于裤装的面料多为全棉织物、棉麻织物和混纺织物，常见的有灯芯绒、卡其布、莱卡棉、弹力呢、牛仔布等。

图 8-5　女童背带裙

图 8-6　女童背心裙（作者：杨妍）

　　儿童的裤装款式设计要满足儿童活动的需要，结构上要注意儿童活动时的宽松度以及牢固度，不要过紧而束缚身体（图 8-7）。鉴于儿童喜欢爬、坐的特点，经常会在臀部、膝盖部使用拼接设计，腰腹部、臀部和上裆有足够的余量可以使儿童自由地跳跃、翻滚，腰部多使用扁平松紧带。腰头的造型不要太复杂也不要太厚而影响舒适度。幼童和小童的腰头以松紧带或罗纹为主，方便穿脱，中童和大童的腰头可以考虑门襟拉链以及纽扣的设计。口袋的设计是男童裤装的特点，裤子的前后都可设计贴袋、开袋、挖袋和袋中袋，袋的大小和造型能强化裤装的细节，是孩子成长阶段裤装重要的局部款式（图 8-8）。

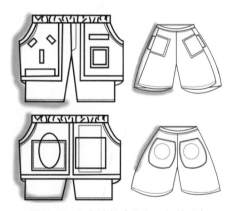

图 8-7　小童裤装（作者：赵梦琦）

图 8-8　中童裤装（作者：赵梦琦）

三、衬衫

　　衬衫是儿童着装中较为重要的春夏季服装品种之一。衬衫的分类有很多，例如：按袖子的长短可分为长袖衬衫、中袖衬衫、短袖衬衫和无袖衬衫等；按风格可分为休闲衬衫和正式衬衫等；

按图案的运用可分为素色衬衫、格纹衬衫、条格衬衫等。儿童衬衫一般采用棉织物、棉混纺织物、丝织物和丝混纺织物等面料（图8-9）。

衬衫的实用性很强，可以单独穿用，也可与裙子、裤子、外套或作为里层服装与外层服装搭配使用。领子和袖子无论在造型上还是工艺上都是衬衫设计的重点，领型有衬衫领、无领、立领、普通翻领、复合领等形态；袖型也有平袖、灯笼袖、泡泡袖、插肩袖等式样，袖山的高低和袖肥的大小以及袖口的造型影响整个袖的形态，设计师可以根据领型和袖子的不同形态设计出不同造型的衬衫。其次，衬衫的口袋在服装整体中起到点缀和平衡的作用，一般而言，方领配方袋，圆领配圆袋，庄重典雅的领和袖配严谨规整的衣身，活泼随意的领和袖配轻松变化的衣身（图8-10）。

图 8-9　不同衬衫的面料

图 8-10　常见衬衫样式（作者：杨妍）

四、T恤

中文 T 恤来源于英文字母"T-Shirt"，字母"T"是对 T 恤外观最为形象的说明和标志。T恤是儿童春夏季最常穿用的服装类别，可与裤子、裙子等搭配穿着，T 恤因穿着舒适随意、美观大方、价格适中而深受家长和儿童的喜爱。儿童 T 恤衫主要使用透气性强、弹性好、吸湿性强的全棉针织物和丝混纺针织物等，如单面平纹面料（图8-11）、双面平纹面料、珠地面料、提花面料，还有印花面料、条纹面料等。

儿童 T 恤大多使用圆领、翻领和 V 领，有长袖、中袖和短袖之分，袖的结构多为平袖和插肩袖。T 恤中也有一种无领无袖的款式，肩部设计较宽的通常叫背心，男女皆可穿用，肩部较窄甚至仅有一条带状设计的称为吊带衫，是女童夏季常见款式，吊带的变化同样非常丰富，经常会有各种装饰设计。儿童 T 恤经常使用图案，如印花图案、贴布绣图案（图8-12）、珠绣图案等各种各样颇具特色的图案。图案的视觉冲击力和其在服装中的部位是 T 恤的点睛之笔，图案的形式广泛，与儿童生活相关的题材更能得到孩子们的喜爱，如故事中的卡通人物和动物的图案。其次，图案的装饰手法也因材而定，例如胶印、扎染、刺绣、贴布绣等，都能使图案更具装饰趣味（图8-13）。

图8-11 平纹面料T恤

图8-12 贴布绣图案T恤

图8-13 趣味文字图案儿童T恤

五、夹克

夹克是男女儿童均可穿着的短外套，其基本款式结构为：衣长较短，一般在臀部和腰部位置，胸围宽松，设有收紧的下摆和收紧的袖克夫；外部造型有膨胀感，在领口、袖口、底摆等处可有针织罗纹；前门襟分为拉链式、按扣式、搭门式。夹克根据领型设计可划分为不同的风格，例如，小立领夹克彰显简洁时髦；翻领夹克休闲自如；翻领夹克搭配拉链表达摇滚时尚；按扣毛领夹克则温暖防风。夹克根据季节可分单夹克、衬里双层夹克和绗缝棉夹克、皮夹克等。面料可选用斜纹布、帆布、牛仔布、经过水洗磨毛整理的织物及皮革面料，部分面料有防水涂层，防水压风，以锦纶等化纤面料居多（图8-14）。

六、羽绒服

羽绒服是儿童秋冬季常穿的服装，是严寒地区儿童秋冬季的必备品。羽绒服是以鸭绒、鹅绒等填充物制作的服装。羽绒服的款式设计以宽松为主，造型蓬松柔软，轻便舒适，有极佳的保暖性能；在腰部、肩部有多余的放松量，以便儿童自由活动或在里面穿其他的服装御寒；袖口和底摆处多用罗纹、绳带收口以防风防寒，并增强保暖效果。面料方面，羽绒服面料应具备防钻绒、防风及透气性能，其中尤以防钻绒性能至关紧要。防钻绒性能的好坏，取决于所用面料的纱支密度。另外，羽绒服中的填充物——鸭绒或鹅绒，要选用合格有保障的材料，否则将危害儿童的身体健康（图8-15）。

羽绒服装基本款式分类如下。

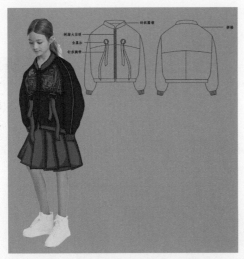

图 8-14　童装夹克（作者：韦晓琳）　　　　图 8-15　儿童羽绒服（作者：韩园园）

（1）连体羽绒服。连体羽绒服是上衣和裤子为连体式的设计，其优点是通过上下连体，营造一个整体的温控调节系统而有效提高保暖性，并且省略了多余设计，使质量变轻，舒适性较好，活动更加便捷（图 8-16）。

（2）长款羽绒服。衣服的长度一般刚好盖住臀部，这个长度是在保暖和行动便捷间的一个平衡点，多用于大童装中（图 8-17）。

（3）羽绒夹克。包括羽绒背心，衣服的长度一般在腰节部位，去掉了袖子的设计，这个长度可以充分保障肢体活动不受到下摆的牵扯，多用于儿童滑雪、城市越冬等。

（4）羽绒裤。羽绒裤分为内胆式和外穿式两种，外穿式为背带设计，内胆式为缩腰松紧设计，轻薄柔软，防寒性较强（图 8-18）。

图 8-16　连体羽绒服　　　图 8-17　长款羽绒服　　　图 8-18　羽绒裤
　　　　　　　　　　　　　　　（作者：韩园园）

　　款式设计中需注意：儿童羽绒服的款式设计不能过于臃肿，一是影响穿着的美观性，二是影响儿童正常的活动。

七、派克服

　　派克服是衣长至膝盖以上的外套，一般带有连身帽，款式为前开襟。开襟处多配有袢式搭扣或套结纽扣。面料上常会使用梭织的涂层织物、涤纶缎纹织物、混纺面料、厚实的粗纺斜纹布和硬挺的牛仔面料以及针织面料等进行制作。这类外套适合各个年龄的儿童外出穿着，款式多以H型为主，简洁大方、宽松舒适，是儿童秋冬季常用的服装品种之一（图8-19）。

八、棉服

　　棉服是儿童秋冬季必不可少的外套服装，主要以棉花或腈纶棉等为填充物制作而成，用以防寒。棉服分夹棉服和棉袄两类。夹棉服是初冬天气还不太冷，穿一件夹棉的服装刚好抵御风寒，稍冷的时候，则换上加厚的棉袄保暖。市面上大多数夹棉外套在款式上借鉴羽绒服和派克服的款式特点，面料以涤纶、锦纶织物等化纤面料居多。棉袄填充物可以是腈纶棉，也可以是棉花等。外层和内穿面料有两种：一种是里外都是全棉的面料，穿着柔软舒适；还有一种是内层用棉布或涤棉布，很多面料也有防水涂层，防水压风（图8-20）。

图 8-19　童装派克服

图 8-20　儿童棉服

九、大衣

　　大衣适合各个年龄段的儿童在春季、秋季、冬季穿着，能够起到很好的防风作用。儿童大衣的造型基本上是上宽下窄的A型和直身的H型，有的长度在膝盖上下，也有的短至臀部，有时也会因舞台或演出需要出现一些造型独特的设计。结构上大衣的领型有大翻领、立领、翻驳领、戗驳领、双层假领等各种款式，门襟有单排扣、双排扣；大衣里面都会再穿上一到两件服装，因此袖窿相对深一些，插肩袖、装袖和连身袖都可使用。面料上多采用毛纺织面料、防水锦纶面料、混纺面料、厚实粗呢纺织面料等。色彩方面，男童大衣的色彩一般以深色为主，例如藏青色、墨绿色、深色条格或是其他高级灰色系；女童的色彩相对来说偏明亮和欢快。另外，口袋在秋冬季节有很强的实用性，在大衣片上叠加和进行分割，赋予大衣更丰富的结构和内部细节变化，它可以是贴袋、暗袋、嵌线口袋等，款式随意，造型大方（图8-21）。

十、马甲

马甲是一种没有袖子造型的上装，主要由前后衣片缝制而成，其造型可以借鉴T恤、夹克、西装、风衣等各种服装，并变化出各式各样的马甲款式。与正式西装搭配的马甲属于比较正式的服装，工艺、面料、结构等都与西装外套相呼应，是出席正式场合的必备品。休闲马甲的款式、造型、工艺以及结构等方面设计比较随意，可以是套在外面起保暖作用，也可以穿在里面做搭配使用。马甲有单马甲和棉马甲之分，单马甲可以是单层或带里布的马甲，棉马甲则是里面添加羽绒、棉花等其他厚实蓬松的填充物（图8-22）。

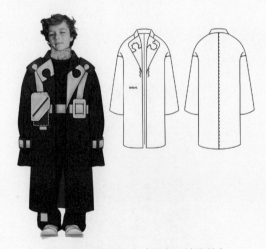

图 8-21　儿童大衣（作者：计海伦）

图 8-22　童装马甲

十一、卫衣

卫衣一般比较宽大，是休闲类服饰中很受顾客青睐的服饰，兼顾时尚性与功能性，成为大童街头运动的首选，同时也适合各个阶段的儿童。卫衣是一种针织运动服装，面料一般比普通的长袖服装面料要厚，袖口通常紧缩有弹性，衣服的下摆和袖口通常使用相同的面料或使用收缩绳带。卫衣的款式有套头、开衫、修身、长衫、短衫、无袖衫等，主要以时尚舒适为主，多为休闲风格，不作为正装（图8-23）。

十二、休闲西装

休闲西装又名休闲西服，是休闲游玩、日常穿的一种小外套。休闲西装和正统的西服一般可以从款式和面料来区分。首先，正统的西服面料是采用化学纤维，下坠性比较好，比较笔挺，款式上会比较简单，不易皱，分单排扣和双排扣。休闲西服款式上可以多样化，底摆可以是圆摆也可以是直摆；面料上比较随意，经常选用全棉、棉混纺、牛仔、皮革或其他较为休闲时尚的面料；休闲西装上会出现比较夸张有趣的图案来装饰(图8-24)。

十三、风衣

风衣是一种防风雨的薄外套，适合大龄儿童初春、初秋穿着。风衣比较注重剪裁和工艺，款式一般分为两大类：一种是呈H型的直线剪裁，这种风衣穿在身上干净利落、简洁大方、有精气神；另一种是呈A型，即下摆处比上半身宽大的造型，比较偏向成人风衣款式造型。风衣的设计多使用扣子，可以是单排扣或双排扣，也有使用拉链的设计，过肩设计或披肩设计，而且风衣经常在腰间系一条腰带。儿童风衣和成人风衣相比有自己的特点：款式上以短款和中长款为主，不会出现长至脚踝的风衣，主要是为了方便儿童活动；面料上经常使用全棉或棉混纺面料；色彩上不受限制，主要为了适应儿童的年龄以及活跃的表现（图8-25）。

图 8-23　童装卫衣
（作者：吴晨霞）　　　　　图 8-24　休闲儿童西装　　　　图 8-25　儿童风衣
　　　　　　　　　　　　　　　　　　　　　　　　　　　（作者：吴晨霞）

十四、组合童装

组合童装设计是将儿童日常秋冬季穿着的服装品种进行整体的搭配，使之在购买时就可以配套使用。童装中春夏季节通常把T恤衫与短裙或短裤搭配，衬衫与裤子或裙子搭配，短袖上衣与背带裙搭配；秋冬季通常把毛衫、牛仔衬衣、羽绒服、棉服、大衣、背心裙等单品之间进行搭配；还可以把不同类别的服装按照不同风格搭配在一起，呈现出不同的视觉效果。例如，运动服与牛仔外套搭配就有时尚感，毛呢外套与公主裙搭配就有甜美淑女感。同时，组合童装亦可以是服装与配饰的搭配，例如帽子、背包、鞋子、墨镜、挂饰等，可呈现出多种效果和多种穿法（图8-26）。组合童装是童装设计中常用的形式，其中以婴幼儿服饰为主。

十五、连身衣

连身衣是婴幼儿时期的主要着装，有其年龄段需求的特殊性，连身衣俗称"爬爬装""哈衣"。连身衣基本款式是衣、裤连在一起，不会勒到婴儿，袖子有长袖、短袖和类似背心式的无袖，长袖连身衣较多使用插肩袖和连身袖，使婴儿肩部有足够的活动量，领子常用圆领、V领或连帽领；下半身为短裤或长裤设计，腰腹部有足够的加放量，整体看上去圆鼓鼓的，非常可爱。连身衣可使婴儿活动时不会因露出肚子而着凉，面料主要采用全棉针织物和弹力织物，如厚薄针织物、绒棉面料、弹力呢、小碎花、条纹、提花等。秋冬季连身衣可在领口、袖口及脚口处使用针织罗纹设计，手脚部分还经常连接手套和脚套（图8-27）。

图8-26 组合童装（作者：朱帆）　　　　图8-27 儿童连身衣（作者：杨妍）

工艺方面用车线工艺，针脚细密，平均在1.5mm左右，双车线，拉伸时不易变形。做工细致贴心，肩部缝合更舒适，保护新生儿娇嫩肌肤，里外包边和锁边不易划伤宝宝更舒适；下摆两组配色五抓扣，采用环保烤漆，无毒、健康；开裆的设计让换尿布的过程变简单，只要把扣子全部打开就能很轻松地给宝宝更换尿布，省去传统裤子需要全部脱下来更换的麻烦过程。一般在婴儿屁股部位都预留了尿布的位置，宝宝穿起来不会很紧绷，感觉非常舒适。

十六、田鸡裤

田鸡裤是现代裤类名称，属连衣裤的一种，只不过它是短袖短裤，服装的造型很像青蛙，采用无袖或吊带连身衣的设计，故称田鸡裤。它和太阳裤一样，也是适宜孩子们在盛夏季节穿着。田鸡裤连身的设计可以遮住肚脐以防婴幼儿受凉。夏季为了更凉爽，有的田鸡裤没有背部的设计，整个上半身像肚兜，腰背部使用绳带系住，腿部只有较窄的一条布条套在双腿上起固定作用（图8-28）。

十七、抱被

抱被是专为婴儿设计的出于保暖和哺乳时需要的一种特殊服

图8-28 儿童田鸡裤
（作者：杨妍）

装。抱被基本造型为长方形或正方形，通常会在一个角部有帽子，中间用布带扎起来，抱被背部、帽子中间或其他部位经常会使用漂亮可爱的图案。

经过改良，现在也有很多新颖的多功能的抱被，有的抱被集睡袋、抱袋、长袍为一体，睡袋加长部分可取下，帽子可当作小枕头，拉上拉链就是帽子，还可拆卸其袖部、头部、脚部，安全方便；还有的抱被既可以当抱被，又可以当睡袋，帽子中间有拉链可以拉开，下半部是U形拉链，拉上时就是睡袋，拆下来里面是个抱被。抱被有单棉之分，春夏单抱被通常使用较薄的面料，秋冬季棉抱被会使用较厚的绒类面料或夹棉面料，面料均为全棉面料，手感柔软，保暖性好，透气吸汗。抱被在缝制加工时，尽量避免缝纫接头刺激婴儿肌肤（图8-29）。

图 8-29　婴儿抱被

十八、罩衣

罩衣也叫反穿衣，通常实用于春、夏、冬三个季节，是年龄偏小的儿童在进餐、游戏、手工制作和出行时使用的穿在最外层的服装，目的是为了保护里面衣服，防止变脏。其基本款式设计为：结构宽松，后开口系带，穿脱方便，实用性强，罩衣多为长袖，袖口有松紧设计；领部设计多为圆领、无领；为了里面穿上衣服后不会太紧，肩部常采用插肩袖设计或连身袖设计，有一定的放松量和活动量；前身采用一片式衣片设计或使用分割线，也可以在底摆、袖口使用花边、抽褶装饰，袖口常使用松紧带；衣服前面通常会有一个或两个造型可爱的口袋设计，有收纳功能。面料细腻柔软、吸水性强、耐磨、易清洗，例如各类纯棉细布、绒布、格布、涤绵绸等，经常还会使用花型活泼可爱的印花面料或者使用单色面料（图8-30）。

图 8-30　儿童罩衣

十九、肚兜

肚兜基本是婴儿使用的服装产品，肚兜形状像背心的前襟，形状多为正方形或长方形，成对角设计，上角裁去呈凹状浅半圆形，下角有的呈尖形，有的呈圆弧形，基本风格近似一个展开的折扇形（或近似菱形）。基本款式特点是无领、无袖、无背部设计，只在前胸和腹部使用一片衣片的设计，使用带子挂在或系在脖子上，腰部两边使用带子从后面系住（图8-31）。

图 8-31　婴儿肚兜
（作者：唐甜甜）

肚兜是婴儿夏季常用的服装，既可以起到凉爽的作用，又能遮住婴儿的腰腹部使婴儿不会受凉。婴儿肚兜使用柔软细腻的全棉面料，采用单层或双层设计，通常会使用一些绣花图案做装饰，传统肚兜的图案通常会选择一些寓意吉祥的图案和文字，比如绣上龙或凤代表男孩或女孩，绣上鱼寓意年年有余等。但现代比较流行的是在面料上进行有趣的图案印花设计，色彩方面更加柔和舒适。

二十、围嘴

围嘴是婴幼儿吃饭时防止因汤水泼洒弄脏衣服而使用的一种特殊服装。围嘴的形状在不断更新变化，现在市面上常见的围嘴造型通常后面是空的，使用绳带设计挂在脖子上或系在腰背部，基本没有完整的领子，领围处一般是有弧度的长方形或半圆形设计，大小不一，有的大小如同一块手帕，有的如同成人手掌，有的会延伸至肚脐，并使用一根封闭的带子直接挂在脖子上或两边各一根带子系在脖子上，也有的围嘴采用类似围兜、坎肩或罩衣的款式设计。戴上围嘴可以防止婴儿口水粘污上衣前胸部，既可以避免婴儿脖子因长期潮湿引发婴儿湿疹，又能保护婴儿胸部的温暖。围嘴是婴儿期必备的服饰品。围嘴的面料选择以柔软高支纯棉细布、绒布为佳。围嘴的款式要根据婴儿的成长阶段设计，3个月内的婴儿可以选用长方形、半圆形，3个月以上的婴儿可以选用背带式、罩衫式。围嘴的装饰设计要简洁、实用、方便（图8-32）。

二十一、披风

披风即披用的外衣，披在肩上用以防风御寒，是儿童秋冬季使用的一种服装。披风与斗篷不同，斗篷常穿于室外，披风室内外均可穿。传统披风的基本款式特点是无袖、颈部系带，但也有部分短披风有袖子设计。披风按长度分为长披风和短披风两种。长披风的长度一般在膝盖部位或者长及脚踝，通常用于年龄较小的儿童，冬季可以像小被子一样把儿童整个包裹在里面，比较保暖方便，经常使用连帽设计；短披风又称披肩，长度一般在胸腰部位。

图8-32 婴幼儿围嘴

大多数披风整体使用一块完整的面料，也有比较现代时髦的披风为了使肩部更为合体，采用两片式设计、三片式设计，在肩部有侧缝，或在胸部做弧线横向分割，两片式设计多为套头设计，三片式设计通常在前门襟使用纽扣设计或系带闭合。使用披风时，手直接从底摆处或前门襟处伸出，也有披风在前面两侧有局部开口设计，手从开口处伸出。披风的面料经常选用各种柔软的绒类面料、全棉面料、绸缎面料或者毛皮，冬季披风还经常使用填充物以达到保暖效果（图8-33）。

图8-33 儿童披风
（作者：杨妍）

第二节　针织童装设计

　　针织童装是指以针织面料制成的儿童服装，它既包括以针织布为面料制成的童装，也包括以编织的形式制成的儿童毛衫。针织服装质地柔软、吸湿、透气性能好，具有优良的弹性与延伸性，可以满足人体各部位的弯曲和伸展活动，其成衣特点适体合身，随意无束缚感，能充分体现人体曲线美，舒适的服用性让其成为童装中最大的种类之一。

　　针织面料在家居童装、休闲童装、运动童装设计运用方面具有独特优势，作为童装设计师，要充分了解掌握针织面料的特点及性能，并掌握不同时期儿童的体态特征和心理特点，并在追求美观、方便、舒适、实惠的基础上，对其服用性、功能性、美观性、时髦性的标准更为明确。

一、针织童装设计特点

　　与梭织面料不同，针织面料的最小组成单元是线圈。针织童装设计更多考虑的是面料的构成方式、纱线在织物内的不同形态所形成的组织结构及肌理效果、外观风格特征、织物性能、设计方法和工艺制作等诸多因素。针织童装色泽鲜艳，手感柔软滑爽，面料具有较大的弹性，并且拥有一定的放松量，很适合儿童身体舒展运动，但由于其不稳定性的缺陷，给童装外观形态设计带来了一定麻烦。为了加强针织童装的成衣感，发挥针织面料的性能特点，大多是通过针法的变化、组织结构的变化及色彩搭配组合等手段来丰富针织童装的实用功能和外观形态，以扩大针织童装的设计发展空间（图8-34）。

　　针织童装在设计过程中要最大限度地减少分割线、装饰线、拼接缝及收省线，运用针织面料自身的拉伸性能进行童装造型结构，同时还要考虑针织童装与梭织童装在工艺流程及制作上的差异。针织面料的工艺流程短，加工制作简单，生产成本较低，生产效率较高。正因为如此，针织童装新产品推出的频率要走在流行前面，只有这样针织童装才能尽显其个性化、品位化魅力而融进童装流行时尚中。针织童装通常分为儿童针织毛衣、儿童针织内衣、儿童针织外衣和儿童针织配件。

图8-34　针织童装

二、儿童针织毛衣

　　儿童毛衣是指采用羊毛、兔毛、马海毛、全棉、丝棉等毛型纱线通过线圈串套编织成的衣服。毛衣是童装中一个非常大的品类，它美观大方，舒适性好，既可以单独穿着，也可与内层和外层衣物搭配穿用，具有使用季节多、搭配灵活、经济实用的特点。

儿童毛衣根据编织方式分为手工编织和机器编织。手工编织属于比较传统的工艺手法，通常使用棒针手工编结而成，所以又叫棒针衫。手工毛衣具有耗时长、做工细致、灵活多变的特点，大多数是长辈用手工编织的方式来表达对晚辈的感情。机器编织属于现代化工业生产的方式，如今，横机、网机、电脑提花机等各种编织设备的涌现，促进了毛衣品种多样化和高效生产，但同时也缺失了手工编织的乐趣和情感。机织毛衣通常在平型纬编机上生产，通过放针和收针，根据需要直接编织成衣片，然后通过衣片的缝合制作成毛衣，一般不需要经过裁剪。单排机能编织基础组织的织物，双排机能进行拼色编织，提花机则可以编织各式各样的花色织物。

儿童毛衣的款式主要有开衫和套头衫两大类：款式与组织结构交相辉映。简单的式样可突出组织结构的肌理感，平整细腻的组织结构搭配经典的毛衣式样或独特的款式造型皆可（图8-35）。不同部位的组织结构设计不但要花型美观还要考虑穿着的舒适性和方便性，如领口、袖口和底摆设计为罗纹收口，能方便穿脱且防止毛衣卷边，还能使毛衣具有独特的外观。儿童毛衣的图案设计形式多样，各种针法能编织出特有的立体纹样，如正反平针能编织出凹凸状的条纹、格纹、菱形纹等图案；交叉针能编织出麻花辫图案；收针放针能编织出立体点状图案等，而提花和嵌花能形成丰富的二方连续纹样或单独纹样。现在的儿童毛衣越来越时装化，品种极为丰富，款式、色彩、图案、针法随季节和流行的变化而不断更新，而且风格多样，或粗犷休闲，或细腻优雅，或简单纯洁，或花哨活泼。

图8-35 儿童毛衣

三、儿童针织内衣

儿童针织内衣是穿在外衣里面、紧贴肌肤的衣服，有"第二层肌肤"的俗称。儿童皮肤细滑娇嫩，对针织内衣的要求比其他服装都高，因此，选择合适的内衣会给儿童人体营造一个舒适的环境，有利于儿童健康成长。

针织面料其良好的弹性、透气性和吸湿性以及穿着舒适轻便的服用性符合儿童内衣设计的要求。面料上，春秋季儿童内衣面料可选用针织罗纹棉布或针织棉毛布；夏季儿童内衣面料可以选用针织汗布；冬季儿童内衣面料可以选用针织棉毛布、毛巾布或针织绒布。款式上，内衣款式造型设计应讲究舒适、安全，以简洁、方便为主，根据不同的季节，针织内衣的款式也应有所不同（图8-36）。夏季儿童多运动、散发汗液，在领口上多为无领设计，并尽可能地放低、加大；袖口、脚口设计根据季节不同可以设计为宽口或罗纹口；冬季领口要相对缩小、加高，袖口、脚口多为罗纹口，弹性较大便于穿着和保暖（图8-37）。

四、儿童针织外衣

针织技术的发展，使儿童针织服装已不仅主要用作内衣，外衣的品种也日益增多，各种上衣、裙装、裤装、T恤衫、大衣、套装纷纷面世，极大可能地丰富了儿童针织外衣的品类。

图 8-36 夏季儿童针织内衣（作者：杨妍）

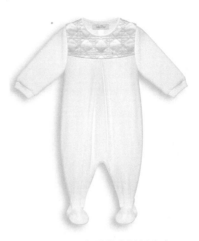

图 8-37 冬季儿童针织内衣

与针织内衣相比，儿童针织外衣因其功能性的不同，服装上更注重结构造型的稳定性、整体视觉效果的装饰性以及面料的舒适性。儿童针织外衣面料通常以化纤混纺、化纤与天然纤维混纺、或交织的针织花色布居多，非常注重外观风格，突出挺括感和悬垂感，抗皱耐磨、不易勾丝和起毛起球等。针织外衣面料应具有良好的尺寸稳定性，因此，面料组织结构大多紧密结实，不易变形，如经编针织物、衬纬针织物、衬经针织物等，同时，还要讲究色牢度、色彩感和耐洗、耐穿性（图8-38）。款式造型要求时髦多变、不拘一格，装饰手法上会与其他面料进行混搭，如在领口、门襟、前胸、后背和口袋等部位用皮革、灯芯绒等面料进行拼接，或是采用刺绣、珠片等其他材质进行装饰，既可起到加固防止变形的作用，又可美化服装，营造多样的针织风格（图8-39）。

图 8-38 男童针织外衣

图 8-39 女童针织外衣

五、儿童针织配件

儿童针织配饰主要与针织服装搭配使用，但也可与儿童其他服装搭配，它是童装的必备用品，有较强的装饰性和实用性。儿童针织配件主要包括针织帽、针织围巾、针织手套、针织袜等。

1. 针织帽

儿童针织帽根据工艺方式有手工编织和针织布缝制两种分类。一般冬季用帽多为各类毛线、花式线编结，能起到很好的保暖和防寒作用（图8-40）；夏季则多为网眼布或其他针织布缝制，能有效地遮阳和散热透气。

2. 针织围巾

儿童针织围巾可根据不同服装风格、不同场合以及不同服装需求进行设计，从针织面料的花色质地到款式变化不一，适合不同服装配饰的需要，可选用单色或花色、粗针织、细针织等（图8-41）。

图8-40 针织帽（作者：杨妍）

图8-41 针织围巾（作者：杨妍）

3. 针织手套

儿童针织手套花色繁多，装饰性强，按材料和织法可分为毛线手工编结、纱线机织或针织坯布缝制。面料上可厚可薄，尼龙、弹力丝、毛线均可使用。保暖手套一般采用比较厚实的针织布或纯毛线以及针织绒布编织而成。

4. 针织袜

儿童针织袜是花色品种最为繁多的针织配件。特别是与轻快活泼的少女装搭配时，针织袜的设计种类可为各形各色、应有尽有，有弹力尼龙袜、毛巾袜、花样丝袜、卡普隆丝袜等，有连裤袜、高筒袜、中袜、短袜等不同长度之分，还有单面平针织、双面凹凸针织、单色或混色针织等不同花色变化。

各类儿童针织配饰要有个性和共性，也就是说，每一件配饰都应有自己的特色，与童装整体搭配时又要有呼应关系。针织帽、围巾、手套经常以配套的形式出现，它们之间在材质、色彩、装饰手法上要保持一致性。

六、儿童泳装

泳装是儿童游泳或在日光浴时穿用的紧身服装，大多采用经编针织物制作泳装。儿童泳装分为女童泳装和男童泳装，女童泳装的式样主要有一件式的连体泳装和两件式的组合泳装。连体泳装基本款式为圆领背心式或交叉式，组合泳装分为比基尼式、背心加三角形裤衩或平角短裤的组合形式。男童的泳装分为上下连体式和平角裤衩两种。

儿童泳装的造型多用斜线和曲线分割来展示体型美和运动感。日常游玩穿用的泳装经常运用花边装饰，色彩鲜艳醒目，图案以花卉、抽象的几何图案为主。泳装面料要有很好的弹性和回弹性，使人体穿着后能紧贴身体。

第三节　休闲童装设计

休闲装，俗称便装，它是人们在无拘无束、自由自在的休闲生活中穿着的服装，展示穿着者简洁自然的风貌。在现代生活中，服装的舒适性越来越受到广泛重视，能够体现人的自然体态及简洁，适用于运动的便装及运动服日益受到人们的喜爱。儿童休闲装的代表类别主要有牛仔童装系列和休闲运动装系列，牛仔童装包括牛仔外套、牛仔裤、牛仔衬衫等，休闲运动装包括从事各种户外活动的服装。

一、休闲童装设计要点

与其他童装种类相比较，休闲童装设计应从以下几个要点入手。

（1）设计理念。休闲童装设计主要体现的是现代儿童舒适随意的生活理念，所以不但要从形式上体现服装的休闲风格，还需结合儿童内心的生活态度去诠释休闲的内涵。

（2）款式设计。休闲童装的款式要比常规童装造型随意宽松，大口袋、拉链、缉明线、襻带等是典型的细节款式。

（3）装饰手法。休闲童装多以水洗、扎染、分割、拼接、绳带等手法突出休闲风格。

（4）面料选用。将面料的舒适性放在首位。

（5）色彩搭配。暖灰色系、大自然色系、怀旧色系等是休闲童装的主要色彩。

二、休闲童装经典品种设计

（一）牛仔童装

牛仔童装是儿童休闲装中有代表性的类别，也是童装较大的种类之一。鉴于儿童生性活泼好动的特点和牛仔布耐磨、耐脏，服用性能良好，外观风貌多样的特征，因而牛仔布在童装中使用非常广泛，在儿童着装中占用的比例位居前列。

通常牛仔童装多用结实的劳动布、粗帆布、斜纹棉布、经丝光整理的棉与再生纤维混纺的缎纹牛仔布和黏胶纤维混纺的牛仔布等制作，根据不同的季节可选用厚薄不同的牛仔面料。牛仔面料还可以通过改变面料肌理来体现个性和时尚性，如水洗、做旧处理、酶洗、扎染、套染和花式牛仔的新工艺等，这些常用的手法改变了牛仔面料的外观、手感、色彩，能产生斑驳、粗犷、硬挺、不羁、怀旧等效果，让更多的设计灵感闪现而促进牛仔服的发展，甚至颠覆人们对牛仔服的基本印象（图8-42）。

休闲风格的牛仔童装主要体现在服装的设计细节上，例如，明缉线、双缉线等具有牛仔特色风格的设计；多种类型口袋的混搭组合；皮标、金属质感的配件等都是牛仔童装中休闲风格的体现。牛仔装的品种有牛仔套装、牛仔裤、牛仔裙、及印花牛仔装等。

1. 牛仔外套

牛仔外套是儿童春秋季经常穿的日常休闲服装，造型大多以直身式的 H 型为主，衣长到腰围线左右，穿着后给人健康干练的视觉效果，因此深受儿童和家长的喜爱。服装结构上多采用分割设计、面料拼接设计等，分割设计使服装结构巧妙藏于纵横交错的线条中，包缝工艺使用结实的粗棉线，不仅让牛仔外套有型有款，同时产生粗犷结实之感。

牛仔外套的装饰手法有很多，常见的是用面料拼接、缉明线和双线处理塑造"西部牛仔"形象，领部可以是竖立的立领或可翻转的立翻领，既实用又帅气，稍大儿童的牛仔外套还可以在领角加入铆钉或图案装饰，在前胸、后背、袖口、肩部等多个地方加入图案设计或特殊面料拼接来增强牛仔外套的休闲感和个性。外套上的口袋也是很重要的装饰元素，口袋设计以贴袋、插袋居多。牛仔元素的多元化和设计视点的不同，也形成了牛仔外套不同的造型风格，时而粗犷、时而摇滚的牛仔外套能满足人们视觉的各种需求（图8-43）。

图8-42　休闲牛仔童装（作者：杨妍）

图8-43　棒球衫式牛仔外套

2. 牛仔衬衫

牛仔衬衫和儿童春秋季普通衬衫款式造型基本类似，但使用的面料和对面料的处理手法不同，牛仔衬衫主要以牛仔布为主，款式细节上表现出不同的形态特征。用在春秋季时穿的牛仔衬衫，面料一般要经过水洗和酶洗处理而变得柔软、轻薄一些；用于穿在T恤外面的牛仔衬衫，衣身要略长和宽大点，通常以敞开的方式穿着，以显得轻松潇洒，同时方便儿童活动。面料的耐磨性是牛仔衬衫的特点，其装饰手法有双缉明线的处理、流行的刺绣图案装饰、面料的水洗、扎染、蜡染等，其中怀旧风格处理手法越来越多地出现在儿童牛仔衬衫中，也受到越来越多儿童和家长的喜爱(图8-44)。

3. 牛仔裤

牛仔裤是所有牛仔装中最大的一类，是牛仔服装中最具代表性的着装。儿童牛仔裤根据长度分为牛仔长裤和牛仔短裤。造型上分三种廓形：直筒式、喇叭式、宽松式，可与条格衬衫、毛衫、针织衫、T恤等多种服装搭配，时尚健美，故称为"百搭裤"。款式设计以分割装饰为主，侧缝、膝盖、后臀部多采用风琴袋、吊袋、大贴袋等，着重细节部位处理以突显牛仔童装的粗犷、自由、无拘束。牛仔短裤一般在膝盖以上，以直筒和宽腿为主，是春夏儿童着装搭配中必不可少的裤装单品。多口袋和袋中袋是牛仔裤的标志性造型，以坦克袋、立体袋等大袋和新奇的口袋造型塑造时尚休闲的个性风格。前后育克既简化了结构线条，又使臀部造型丰满有型。双缉线、皮标、襻带、金属配件等元素加强了牛仔裤的风格塑造，装饰感也由之而来（图8-45）。

图8-44　牛仔衬衫（作者：杨妍）

图8-45　牛仔裤

另外，儿童牛仔裤结构设计要符合儿童形体特征，适体、舒适、便于活动是其最基本的要求，过紧、过硬的结构并不适合设计在儿童牛仔裤中。值得注意的是，牛仔裤不太适合儿童经常穿着，尤其是 8 岁以下的儿童，因为儿童正处在身体生长阶段，不适宜穿过紧的服装，牛仔面料相对较厚，阻碍皮肤呼吸，局部会产生缺氧反应，不利于儿童的生理发育，不要因为美观而影响身体健康。

4. 牛仔裙

牛仔裙是从幼儿到女中学生都常穿的服装之一，它结合了牛仔的硬朗帅气和裙装的方便实用而别具风格。款式造型上有半截牛仔裙、背带牛仔裙、背心牛仔裙、直身裙和 A 型裙等多种样式，根据长度分为牛仔长裙和牛仔短裙。在细节装饰设计上，牛仔裙可以采用拼贴、分割、贴布绣等多种方式来变化设计，搭配衬衫、毛衣、T 恤、小外套等上衣，休闲而时尚（图 8-46）。

（二）休闲运动装

休闲运动装具有明显的功能作用，以便在休闲运动中能够舒展自如，它以良好的自由度、功能性和运动感赢得了大众的青睐。随着全民运动的开展以及时尚潮流趋势的变化，运动装渐渐成衣化，成衣也逐渐运动化。鉴于儿童喜欢适时运动玩耍的特点，具有运动功能而又美观大方，穿着轻便随意的休闲运动装成为越来越多儿童日常穿着的服装（图 8-47）。儿童休闲运动装款式种类繁多，例如，从美国街头文化和音乐嘻哈文化中流行起来的嘻哈裤、哈伦裤、滑板裤等，因其较大的放松量、多个口袋集于一身的设计和极具个性化的装饰手法，整体造型随性、休闲、有运动感，一度成为儿童追求的时髦款式。

图 8-46　儿童牛仔连衣裙

图 8-47　儿童休闲运动装（作者：邱炳程）

儿童休闲运动装的设计要将休闲和运动两个主题结合考虑，突出多层式、封闭式、防护式的款式特点。色彩选用上，除耐脏的灰色系，也可以使用偏亮的迷彩色系，大胆活泼、富有朝气的色彩都可以作为休闲运动装的色彩。配饰上，休闲运动装与发汗带、太阳镜、运动鞋、板鞋、棒球帽、运动手套等配件搭配，能完美演绎休闲运动风格的同时，还能将功能发挥到极致。其次，应特别注意面料的防水、防风、保暖与透气功能，而且贴身穿着的服装一般要使用有弹力、能顺利排汗、保证体温的化纤织物来方便运动。儿童轮滑、打球等穿着的服装要注意面料的耐磨性和耐脏性，口袋部分最好使用拉链、纽扣等密封性较好装置来确保运动时东西不会滑落，在外套的肘部、肩部要加大放松量来确保活动的顺畅，并用特殊面料加固。

第四节 儿童家居服装设计

家居服装是指儿童在家中日常的穿着服装。儿童家居服设计的首要因素是穿着舒适，家居服要根据儿童的年龄段进行设计。款式造型上宽松随意，简洁美观，不会有过多的分割或拼接，以免影响与皮肤接触的舒适感。面料上一般采用绿色环保、无毒无味、柔软、吸湿、透气的全棉织物，如细色织布、毛巾布、平布、泡泡纱、单双面绒布等；而且多使用有花纹图案的面料，如印有小碎花、卡通图案、小动物、植物的面料。色彩搭配上要适合家的装修风格和各年龄段儿童的生理和心理需求，以柔和可爱、素雅干净的颜色为主。

儿童家居服品种主要有睡衣套服（图8-48）、睡裙（图8-49）、起居服等，婴幼儿还有围嘴、围兜等。

图8-48 儿童睡衣套服

图8-49 儿童睡裙

一、睡衣套服

睡衣套服是睡衣和睡裤组合穿着的服装样式，对于不同的季节，睡衣面料有厚薄之分。造型上大都是以直筒宽松型为主，领型多为翻领、无领和平领，一般口袋以贴袋为主，口袋上经常会使用比较夸张醒目的图案，门襟以前通开襟的式样居多，纽扣要选用扁平的造型，以防止纽扣与身体顶压伤及皮肤。儿童睡衣套服的色彩设计首先要适合各年龄段的生理特征，其次还需考虑与家装色彩和就寝环境的颜色协调，营造和谐、惬意、温馨的睡眠空间，有利于愉悦儿童的心情，提高睡眠质量。儿童睡衣套服主要依靠变化衣袖的长短和面料的厚薄来适应不同季节的变化需要。男童的主要家居服形式是睡衣套服，女童的睡衣形式有睡衣套服、睡裙等。

二、睡裙

睡裙是女童的主要家居服之一。款式非常宽松，一般不束腰，以套头式、直身式或小 A 型的睡裙为主，领口常用无领、圆领，领型可以是圆角或方角小翻领，因为是女童穿用，裙身上经常使用褶皱、荷叶边、装饰条等设计，也常在衣身前后加育克设计。睡裙有长袖、短袖和无袖、吊带之分。从功能角度考虑，袖窿的结构要适当调整，袖窿和袖肥需要增加一定的量，袖山高较低，插肩袖和平袖让睡裙的功能性更优良。口袋、领口以及袖口用同色或异色面料进行滚边、嵌条等手法装饰。一般睡裙采用全棉和丝质面料，具有良好的手感和悬垂性，前后育克分割加上细褶让睡裙包裹身体的能力更强，使身体和服装、服装与环境之间产生良好的关系。长睡裙是女童一年四季都穿着的家居服。

三、起居服

起居服是穿在睡衣外面的衣服。起居服一般长至小腿1/2处，它的造型以方便穿脱的开合式中长袍和衣裤套服的式样为主，腰间多系带，常用带帽领、青果领、蝴蝶领，面料相对于睡衣要厚一点，各种厚的真丝缎、绒型布、毛巾布、绗缝棉布等适合制作起居服（图8-50）。

随着时代的进步，儿童起居服的设计除传统的设计理念外，还应该结合现代生活方式来思考，在讲究现代家装风格的潮流下，用于住宅内穿用的起居服与家装风格和元素要有机结合，从而形成完整的家居文化是值得研究和运用的。

图 8-50 儿童起居服

第五节 儿童校服设计

儿童校服是指儿童上学穿着的服装，是为培养儿童的集体意识，规范儿童的行为习惯，突出学校的校训特色，塑造学校的文化形象而统一定制穿着的服装。主要适用于集会、礼仪与庆典等大型活动场合，是学校形象在服装上的表现，具有整齐性、标志性的特征，也在一定程度上展示出儿童的学习态度和精神风貌。校服包括制服式校服和运动式校服（图8-51）两种。

一、校服设计要点

在基于校服穿用的特定环境和学生的着装身份下，校服设计必将与其他种类的服装设计有非常大的差别，它体现在以下方面。

（1）款式设计。校服造型应具有严谨大方、统一规范的风格，不能过于华丽或烦琐，要体现儿童淳朴真挚的本性和学生的身份。

（2）面料选用。多选择便于运动，富有弹性，具备耐磨性，透气性较好的涤棉、纯棉、粗呢、各式混纺毛料等面料。

（3）色彩搭配。要给人清新典雅的印象，不宜采用强烈的对比色调，以免绚丽的色彩分散学生的注意力。

（4）服饰配饰。校服上应有校徽标志，男女学生校服之间要有关联性。校服配饰包括肩章、领结、领带、帽、书包、袜以及鞋等。

二、校服设计原则

校服的设计除了童装特性的共同要求之外，在设计时还要注重考虑以下几个原则。

1. 尊重校服的特点

校服是统一式服装，校服的重要特点就是经常以群体共同穿着的形式出现在人的视野中。它不仅可以反映一个学校的教学文化，还可以反映一个地区整体的文化素质和服饰文化价值观念。因此，在设计上要强调庄重严肃的特点，给人以整齐、严谨、安静的感觉，不宜太花哨华丽。严谨大方的款式、端庄稳重的配色是校服的基本特征。

2. 反映学校的特征

校服具有鲜明的代表性，其服装的特点是简洁、严肃、大方，以突出学校校训特色与团体特征为目的。其次，不同学校的校服设计应该在保持校服特点的基础上尽量突出本校的特色，以显示与其他学校的区别，比如在色彩、装饰以及学校的徽标上。图8-52是带有学校徽章的校服设计。

图 8-51　常见运动校服款式（作者：杨妍）

图 8-52　带有学校徽章的校服设计（作者：杨妍）

3. 符合儿童的年龄

校服的设计要符合儿童的年龄，从年龄上校服主要分为小学生校服和中学生校服。处于小学年龄段的儿童以学校集体生活和学习为中心，其身体与心理个性尚未定型，可塑性大，接受知识能力强，智力发展快，理解力稍差，对自我的行为控制能力较弱。整齐规范的服装设计对儿童健康心理的成长与培养集体荣誉感方面有着无形的影响作用，因此，小学生校服设计应表现儿童积极向上、勤奋努力、团结友爱和有纪律、朝气蓬勃的精神面貌。在款式和色彩的使用上要相对简洁大方、活泼明快，同时还要考虑小学生身体成长较快的特点，袖长、裤长的设计可通过卷边加放的形式以适应儿童快速的生长发育，服装上可适当使用一些装饰图案，书包和其他配饰的造型可以不必太规矩，还可以使用卡通图案（图8-53）。

中学阶段是指初中到高中阶段的时期，是从童年走向成熟的过渡阶段，由于此时的儿童心理处于较为波动的时期，也是对周围事物较为敏感的时期，内心向往成年人的生活，因而对美和流行的追求热烈而执著。中学生校服款式设计要端庄大方，线条利索优美，男女生服装外轮廓和内部结构设计要利于塑造青春健美的形象，细节设计应符合学习和生活需求，用于中学生校服设计的面料要性能良好。环保安全，健康经济，具备耐洗和耐穿以及保型性好的混纺织物面料是不错的选择（图8-54）。

图8-53 小学阶段校服设计

图8-54 中学阶段校服设计

4. 注重配套设计

校服的特点就是整齐、统一、端庄，因此，校服设计一般都非常注重服装配套设计的整体着装效果。一套校服一般包括上衣外套、衬衣、裤装或裙装、毛衣、领结或领花、帽子、书包、鞋子、袜子，甚至还有手套，大多数情况下还要分季节搭配，有夏季校服、春秋季校服和冬季校服。校服各单品之间风格统一，款式色彩协调，井然有序。

三、制服式校服设计

　　制服式校服设计主要是在西装的款式造型上进行设计和改良，同时满足学生成长的环境和日常活动的需求（图8-55）。款式上，领口不宜开得太低，稍露出衬衣和领饰；领角的设计要圆润、轻快，避免太过生硬老成；下装腰头设计不要过分夸张，以简洁的中腰为宜；西裤、裙装切忌包臀以免影响活动，女生裙子的长度以齐膝或略到膝上为宜，长度不能太短；胸前可以有学校的校徽作装饰。校服的设计还要考虑根据季节的变化进行组合设计，学生可以自由搭配、灵活组合，从而使原本变化不多的校服种类通过组合搭配显得丰富一些（图8-56）。

图 8-55　制服式校服设计（作者：杨妍）

图 8-56　搭配较丰富的校服设计

四、运动式校服设计

　　运动式校服多指学生在校园内进行体育活动时所穿的服装，但是很多学校的日常校服也是运动式，运动式校服设计以体现少年的活泼天性为主，款式多样，色彩丰富，但要强调舒适、方便、美观、实用。春夏装为纯棉针织面料的短衫、短裤之类，秋冬装多以纯棉、运动领的套装为主，颜色以蓝、白、红、黑居多，两色组合的运动装较为普遍（图 8-57、图 8-58）。有的运动式校服在腰、袖口、下脚口采用松紧形式，以便学生穿脱方便。

　　运动式校服在设计上要注意胸、肩、腰、臀的放松量，要适当加宽后背和大袖的宽度，减小袖山高度，适当加放腰、臀的宽松量。在缝制时要采用拉伸性好、强力大的包缝，起针、落针处要打倒回针，以防止线头脱散。在缝制时还要注意上下布层的整齐和松紧。在图案的拼接处采用搭接缝，可减轻缝子的厚度，达到平整、美观的效果。服装廓形多采用H型和Y型。H型简练大方，服装不但贴体适中而且便于学生们伸展活动；Y型别致精巧，在给孩子们一个相当的伸展空间的同时能更进一步展现孩子们朝气蓬勃、活力向上的天性。

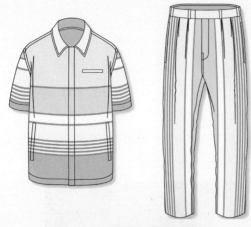

图 8-57 春夏款运动校服设计

图 8-58 秋冬款运动校服设计

校服的缝制工艺要注重实用性，线迹牢固，拉伸性好，结实耐磨。经常受到拉伸的部位要选用有弹性的线迹结构和缝线，以增强牢度，防止缝线拉断而出现断裂开缝的现象。校服的材料多选择混纺织物，以耐穿、耐洗、耐日晒、保形性较好、穿着舒适的衣料为宜，不宜选用全毛织物，既要能保持挺括，同时又能透气。

第六节　儿童礼服设计

儿童礼服是儿童出席各种隆重正式的场合穿着的服装，多用在参加交响音乐会、主持大型节目、作为婚礼小花童等典礼仪式上，具有正式、庄重、典雅、华丽等特征。近年来，随着人们收入和生活水平的提高，儿童礼服逐渐发展，受到生产商与消费者的重视，无论从设计、质量或品种多样性上都得到较大幅度的提升。儿童礼服由欧洲贵族儿童的着装演变而来，因此，儿童礼服有明显的欧式风格倾向。

一、儿童礼服设计要点

儿童礼服与其他种类的童装相比，在艺术性上有更高的要求，因此，儿童礼服的设计准则要以满足穿用目的和穿着环境为前提，强调礼服的装饰性和艺术性，体现穿衣礼仪和文化。款式造型上，以 A 型、H 型、X 型和 S 型为主，内分割线条与结构设计要巧妙，能衬托出儿童体型的美感，但是不能太过性感。面料上必须具备一定的质感，如华丽典雅的缎、细腻光亮的绸、柔软丰厚的呢面料等，其次，面料再造是儿童礼服设计中常用的手段，用来装饰服装，增添艺术感和层次感。色彩上以色泽高雅为主，图案多采用花卉和几何纹样。

儿童礼服工艺精良，讲究细节变化，常以缎带、蕾丝、花边、刺绣、珠绣等装饰手法点缀来增加儿童礼服的艺术感；配饰是儿童礼服的一部分，蕾丝手套、缎带蝴蝶结、呢料小礼帽等配饰要引起设计师足够的重视。图8-59是一种常见儿童礼服设计。

二、不同类别的儿童礼服设计

由于男童和女童的礼服式样差别较大，因此将分别进行设计讲解。

1. 男童礼服

男童的礼服式样主要以组合形式的套装为主，内穿衬衫、马甲，并配有领带或领节，外穿西服和西裤。男童礼服设计的重点在细节变化和层次搭配上。细节的变化体现在衬衫领、袖口、前胸、门襟、开衩和衣摆等部位。例如，衬衫领中领面的宽窄变化，宽领带稍显正式，窄领带则稍显时尚；领角的方圆变化；领面材质与衣身材质的对比变化等。服装层次的搭配是男童礼服设计的亮点，前胸V区中的色彩深浅搭配，面料的肌理对比，形式错落有致，构成生动的服装语言（图8-60）。

图 8-59　一种常见儿童礼服设计

图 8-60　男童礼服（作者：杨妍）

用于礼服的衬衫可以运用褶裥和袖扣等元素进行装饰设计，增加服装的层次感。马甲和西服的式样要合身，剪裁利落，小童的西服廓型以宽松为主，中大童的西服可有适当的收腰处理，门襟有单排扣和双排扣之分，领型有平驳头、戗驳头和青果领，配以不同粒的纽扣形成西服的款式变化。男童的礼服色彩以深色为主，例如黑色、深褐色、酒红色等，当然，白色的礼服也能出现不一样的着装效果。

2. 女童礼服

女童的礼服以裙装为主,有连衣裙和套裙两种形式,款式造型上,主要有A型、X型和H型。小童的礼服廓形以A型居多,裙长至膝关节上下的裙装既显得大方文静,又能表现出小童的乖巧、天真、活泼和可爱;X型的裙装多为少女期的女童穿用,造型沿用西欧的传统风格,合体上衣配以宽大的泡泡袖或无袖的露肩设计,收腰的长裙饰以蕾丝花边或荷叶边,裙摆较大,旋转时呈伞形,腰间系扎缎质蝴蝶结。X型礼服能充分展现少女期女童妙曼的身材比例,突出女性的曲线美感(图8-61)。

女童礼服十分注重装饰设计,常用细褶、细裥、缎带、蕾丝、花边、蝴蝶结、胸针、立体花等元素装饰礼服(图8-62)。女童礼服的色彩可五彩艳丽,也可素色高雅,只要能很好地与着装者和环境协调即可。另外,配饰设计同样重要,例如,精美的头冠、鞋、小包、手套、礼帽等配套设计能更好地形成系列感,强化礼服的着装效果。

图 8-61 X 型女童礼服设计

图 8-62 刺绣元素女童礼服设计

第九章
系列童装设计

系列童装设计是围绕主题展开的设计，是在进行两套以上童装设计时，用同一或相似元素贯穿整个系列，在每一套之间寻求某种关联性的设计，它是对设计师综合能力的考量。系列童装设计是表达童装中具有相同或相似的元素，并以一定的次序和内部关联性构成各自完整而又相互关联的设计形式，它强调系列感。

系列童装主题设计具有强烈的视觉冲击力，具有全面表达设计主题思想，突出设计风格的特性。无论是服装专柜、商店橱窗或舞台展示，都以整体系列形式出现，以重复、强调、变化细节和各种元素产生强烈的视觉感染力。系列童装比单件服装的效果要强得多，可以刺激消费者的消费欲望。系列童装主题设计从确定主题开始，是实现童装造型、结构和制作工艺环环相扣的设计过程，最终完成实物化的整体设计（图9-1）。

图 9-1 系列童装设计（作者：鞠培）

第一节 童装设计的思维方式

思维，最初是人脑借助于语言对客观事物的概括和间接的反应过程，以感知为基础又超越感知的界限。它探索与发现事物的内部本质联系和规律性，是认识过程的高级阶段。设计思维是指在设计和规划领域，对定义不清的问题进行调查、获取多种资讯，分析各种因素，并设定解决方案的方法与处理过程。作为一种思维的方式，它具有综合处理能力的性质，能够理解问题产生的背景，并能够理性分析找出最合适的解决方案。服装设计的核心是运用思维方式，以丰富的想象力和创造力去构思服装的内在美和形式美。

设计中的思维方式对童装来说很重要，一个好的设计思维可以给童装增加魅力，使童装获得认可、具有生命力。

一、设计思维的基本过程

设计思维是设计理念形成的基础，其意向性和形象性是把表象重新组织、安排，构成新形象的创造活动，表象的获得来自知识积累、生活环境以及经历等。服装设计师在日常生活中无时无刻不在感知世界，从宏观到微观、从古至今、从现实到幻想，设计思维就是在这样不断的感知中得到升华，自然地将设计思维融合到复杂的理念中去，通过具体的物质形象转化为实物。这一过程就是童装设计的思维过程。

思维过程中碰撞出来的火花，我们称之为"灵感"，灵感产生于任何地方、任何事、任何物、任意点。童装设计是艺术的创作，艺术家灵感的源泉得益于他们强烈的创新欲望和独到的思维方式，使其作品中充满神奇的感染力和非凡的艺术性（图9-2）。在童装设计过程中，我们要打破常用的固定思维模式，要从不同的角度（如设计师、消费者、儿童、父母等角度）去思考，跳出常态的思维圈，用创新性的思维来解决设计中的问题。

图9-2 从灵感到设计（作者：唐甜甜）

二、设计思维的方式

设计思维的方式有独立性思维、发散性思维、收敛性思维、逆向性思维、顺向性思维、横向性思维、纵向性思维等。设计思维的方式在童装设计中的运用，主要体现在童装设计的风格、面料、颜色和版型上。

1.独立性思维

独立性思维方式并不是单独独立出去远离时尚圈，而是要求设计师对固有的形式能够大胆且合理地提出质疑，批判地接受前人的观点和想法。在时尚大潮流中，既保持着自己的坚定信念和独特的思维方式，拥有属于个人独特的设计风格，又能表现出时代的特征和气息，与时俱进，跟紧时尚的步伐。对于任何一个设计师而言，独立的具有个人风格的设计是他们追求的最高境界。只有拥有强烈的艺术魅力和独特的审美视角所创作出来的艺术作品才能让人过目不忘。因此，独立性思维，也是形成这些特色的重要思维方式。

目前，国内许多童装设计呈现出明显的成人化痕迹，也就是成人服装的缩小版。这反映出设计师在设计时没有以儿童的生理和心理需求为前提，更没有从固有的成人服装设计模式中走出来，一味地简单套用和挪用，使童装失去儿童天真活泼的特点和可爱的特征。综观国内外童装，我国童装发展起步较晚，目前与国际水平有着明显的差距，这个差距并不是行业技术领域的差距，而是思维模式的差距，是创新思维和独立性思维的差距。因此，要想与国际水平并肩行走，必然要重视思维方式的培养，大胆地跳出常规思维，用创新独立的思维来影响设计。

2. 发散性思维与收敛性思维

在设计中，发散性思维和收敛性思维是创意思维的基本组成部分，它不受任何框架的限制，在思维活动中可以充分发挥设计师的探索性和想象力。

发散性思维即是求异思维，是由一个点出发，向各方向延伸出去进行思维扩散。它主要是用在童装设计构思的开始阶段。设计师可以运用发散性思维，充分发挥想象力，摆脱原有的思维模式，不断变换视角，扩大视野范围，进行多角度、多方位的思考，探索多种解决方案或新途径，找出更多更新的答案、设想或解决的方法。这样的思维方式往往能获得意想不到的结果，产生巨大的创造性能量。发散性思维具有三个特征：流畅性、变通性和独特性。图9-3和图9-4是童装设计发散性思维导图。

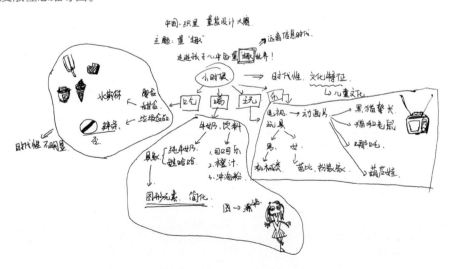

图9-3　童装设计发散性思维导图1（作者：杨妍）

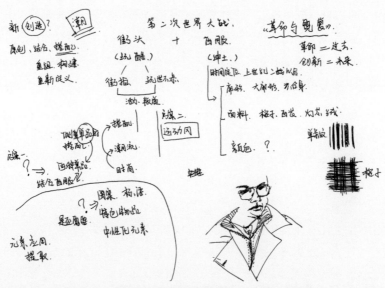

图 9-4 童装设计发散性思维导图 2（作者：杨妍）

收敛性思维是从已有的大量信息中不断摸索、推断出一个正确答案或最优方案。它主要适用于设计构思的中后期，在选择、深化和完善设计构思过程中发挥重要作用。当设计构思通过发散性思维形成了多种构思后，需要收敛性思维进行筛选，不断补充、取舍和整合，直至最终完善。

3. 逆向性思维与顺向性思维

逆向性思维是一种敢于"反其道而思之"的思维方式，它让思维向着对立的方向发展，从问题的相反面深入地进行探索，树立新观念，创立新形象。逆向性思维是发散性思维中的一种，是突破一般常规思维框架考虑问题的方式，有助于激发创造力。

逆向性思维的产生，首先要有敢于怀疑和否定的勇气，不能对现有的形式抱有"循规蹈矩"的态度，努力尝试反问和反向思考，跳出原有的"舒适圈"。对于服装设计而言，逆向性思维运用不仅可以改变服装中固有的位置、方向、大小等方面，还可以表现在服装造型的"非常态""怪诞"的塑造，亦可以是人体与衣服的"非合理"关系，穿搭上的"非习惯"组合，面料上的"非常规"运用。

例如：服装设计中，把裤腰头的造型运用到上衣的领子造型中，又如针织女皇索尼亚·里基尔（Sonia Rykiel）把服装的接缝及锁边从里层换位裸露于外（图 9-5）；解构主义设计风格的代表设计师三宅一生把服装的内空间与外空间的结构分解、重组与再造（图 9-6）；设计师马丁·马吉拉在服装造型中重新放置袖笼位置，把人体轮廓倒置，把外套和大衣里边的贴边、线头裸露在外等，就是运用逆向性思维进行创意，以逆反的形式展现新的审美风格（图 9-7）；还有缪茜娅·普拉达，她是普拉达时装设计公司的设计师，经常用一些蹩脚的材料设计一些"丑陋的服装"，却借着这种"令人震撼的丑陋"征服了国际时装界。这样的思维方式有效地刺激观者的眼球，是对常规进行改变，没有改变就没有创新。正是这些不寻常的思维方式，推动着服装向前发展。

图9-5 索尼亚·里基尔系列作品

图9-6 三宅一生设计作品　　　图9-7 马丁·马吉拉设计作品

"顺向"是指有固定的方向，等同于时针所走动的方向。顺向性思维就是普通思考问题的行为方式方法，是依据事物之间所具有普遍联系的规律。在服装设计中，运用顺向思维大致是以它"形"创我"形"，在感知服装肌理、色彩的基础上，运用参照、模仿、夸张、分解、打散等设计手法获得新的服装形态。 例如，伊夫·圣·洛朗借用郁金香花形设计"郁金香型"服装外廓形态；皮尔·卡丹从中国古建筑中飞檐造型获得灵感，设计的翘肩服装。

4. 横向性思维与纵向性思维

横向性思维和纵向性思维是从事物横向和纵向两个不同角度进行思维的方式。横向性思维具有启发性，可以体现出思维的广度，横向性思维是截取事物发展中的某一横断面进行深入分析。

例如在设计开发服装产品时，把该类产品作为坐标参照系，选择类型基本相同、相似或相近的具有代表性、先进性的若干产品作为调研对象，对其造型特点、细节处理、色系组成、材料选择、版型特征、装饰手法、工艺处理等设计要素进行分析研究，从中汲取长处。

运用横向性思维要求设计师视野开阔、信息准确、分析细致，并且善于学习，否则难以从比较中获得启发和借鉴。著名的服装设计大师高田贤三，在设计上最大的贡献和突破，就在于将西方嬉皮风格与日本传统服饰相融合，发展形成自己的高级时装设计风格，并且提出了超大尺寸和多层次的穿着，采用立体裁剪，将和服的宽松和温馨运用到西服设计之中，摒弃了西装原有的呆板与严肃（图9-8）。

图9-8　高田贤三设计作品

纵向性思维是一种分析性的、概括性的、哲理性的、强调因果关系的逻辑推理思维方式，它要求对待事情不能静止、孤立地去看待，而是要放在历史坐标中进行分析比较，由原因探索结果，由结果追溯原因，即侧重于将事物发展中的某些历史阶段加以比较，用以了解历史、分析现状、预测未来。

服装发展与流行具有继承性和重复性。比如在服装设计中出现的某些新变化、新样式，就是在继承前代或前期的基础上形成的，并且新变化的部分总是小于沿袭继承的部分，一些经典样式、一些具有重要特征的设计元素时常会在不同历史发展阶段周而复始地出现。因此，运用纵向性思维，可以从服装的历史沿革中了解发展变化规律，提高预测流行趋势的能力；也可以通过分析近几年的流行变化，找出一些具有延续性的设计元素，提高设计的有效性和成功率。

第二节　童装主题与系列设计

童装的主题设计是在对主题深入理解的基础上，运用系列设计的手法，将所有元素构架组合后传达出来的设计理念。童装主题设计强调主题概念以及系列的主题性表达。

一、童装主题设计

主题是童装设计创作要表达的主要内容，是服装的核心，有主题的设计作品就如躯体有了灵魂。主题可以是有形的，例如一种命题、一个字、一个词、一句话、一段文字等；也可以是无形的，例如一种思想、一种观念或一种精神诉求。童装的主题设计常运用于企业设计中和各类童装大赛中。

1. 主题与童装企业

大多数服装企业在每一季的产品策划中，都会以主题的方式来呈现本季服装款式，因此，主题设计也成了各大服装品牌设计部的常用方式。童装主题设计不仅能给企业带来巨大的高额附加值，同时还成为行业竞争的焦点之一。大型的服装企业在进行下一季服装发布之前，会与设计团队明确好新的主题再进行创作和设计。

对于童装企业而言，主题的确立就是将创意集中化和具象化的过程，这个环节格外重要，因为鲜明的主题能为整个设计团队指出明确的设计方向，为整个设计过程理清思路。主题的确立对于童装企业而言具有一定的挑战性，它决定着新一季的服装款式能否被市场认可，消费者是否喜欢，主题是否符合当下的流行等。在新产品的开发设计时，都将围绕主题产生，没有主题引导的产品之间没有联系，只是零散的个体单独存在。在设计开发工作结束之后，主题还为将来的产品销售奠定良好的推广基础。产品上市后，同一主题的产品可以形成整体气氛，便于实体店的零售陈列，也使得网上店铺的平面设计富有整体感（图9-9）。

对于儿童而言，主题童装更贴近他们的生活，更能拉近产品与儿童之间的距离，有鲜明主题和情趣感的服装，会让儿童喜爱甚至着迷。目前越来越多的企业意识到这点，市面上也会经常出现一些品牌与动漫、品牌与动画片的合作联名款。例如早年班尼路与日本动漫海贼王联名推出了一系列服装设计，深受大童的喜爱；2018年优衣库与漫威电影的合作款也火爆了整个夏天；韩国童装品牌宝英宝（Paw in Paw）通过男主人公Bee Bee和女主人公POPO每季度的旅行获得创作灵感，专为2～11岁的孩子设计最喜欢的主题，让服装充满童趣（图9-10）。

图9-9 童装主题设计（作者：吴燕）

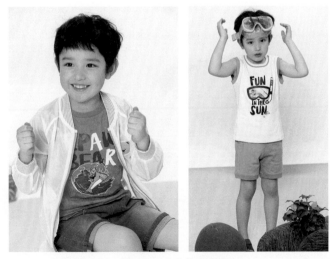

图9-10 宝英宝童装

2. 主题与童装赛事

童装大赛中，一般都会先公布设计主题，参赛者根据主题涵盖的各个方面进行思索，梳理主题与服装之间千丝万缕的关系来确定服装的造型与风格。通过服装款式、材料、色彩、图案等元素的组织，选择不同的题材诠释主题。全国童装大赛有 Cool Kids Fashion 童装设计大赛、中国（虎门）国际童装网上设计大赛、"1001 夜" 2017 未来之星新锐童装设计大赛、"乐鲨杯"江苏省服装院校童装设计大赛等。大赛的主题也各有千秋，涉及生活的方方面面。从入围的作品中可以发现比赛的主题越来越鲜明，参赛的作品也越来越优秀，童趣盎然，创意独特。同时，随着童装大赛的不断推广，越来越多的人关注并重视童装行业的发展。

二、童装系列设计

系列指某一类产品中具有相同或相似的元素，并以一定的次序和内部关联性构成各自完整而又相互联系的产品或作品形式。童装系列设计是童装品种丰富化和品牌完整化的设计。它运用系统化的思维形式、设计程序和美学法则，通过选择材料、结构设计、裁剪和工艺缝制等过程来完成系列产品。

童装系列设计是根据具体设计要求完成设计的系列化。童装系列设计的内容主要包括设计主题、风格定位、品类定位、品质定位和技术定位。

1. 设计主题

主题是系列童装设计精神内涵的表现和传达。无论是品牌型的实用服装系列设计还是大赛型的创意服装系列设计，都离不开设计主题的确定，这是童装设计开始的基础。有了明确的设计主题，也就有了明确的设计方向。主题的确定是决定设计好坏的关键，好的主题可以开启设计师的设计灵感，为设计注入新颖的内容。主题的确立不必拘于一个特定的点，或者某一特定的物体。例如，"荷花"这类具体到某一植物上的主题就特别狭小，不利于设计师发挥更大的设计空间。主题可以扩大到"花花世界""彩色纯真""动画定格""翱翔太空"等，再从中提炼出最能反映这一主题的元素进行组合，以此形成系列。

2. 风格定位

风格与主题两者之间相互决定相互影响，风格的准确定位也是系列设计成败的关键，不同风格的童装与不同的主题相互呼应，不同风格的童装涉及不同元素的运用（图9-11、图9-12）。比如甜美风格的童装，可能会使用简洁优雅的造型，在装饰细节上却颇费心思，例如蕾丝花边、蝴蝶结、缎带、褶皱、刺绣等元素；军装风格则会使用粗犷的拉链、大口袋设计、贴布绣等其他军装元素。值得注意的是，在童装设计进行的过程中对成组、成系列服装风格的感觉、表现、控制和把握要一致。

3. 品类定位

服装品类包含服装与服饰配件。一个完整的系列，不能只考虑到衣服自身，还要兼顾服装的品种、系列作品的色调、主要的装饰手段、各系列主要的细节以及系列作品的选材和面料等。参加童装大赛时，应该考虑整体的服装品类，如系列是以裙套装为主，还是以裤装为主，或者是裙装与裤装的交叉搭配等。对于企业而言，系列设计还需要考虑是否需要配饰，配饰的材质、来源等（图9-13）。

4. 品质定位

品质定位决定儿童系列服装所用面、辅料的质量和档次。一般消费者对童装的品质要求严格，希望市面上的童装是价格合理，质量不错的童装，因此，这就要求设计师对服装的品质希望达到或者能够达到的要求做一个综合考虑，以此来决定使用什么样的面料、辅料或者是否使用替代品。在企业里，设计师还要考虑成本限定，尤其在品牌童装系列设计中，这是必须考虑的一个重要条件。价格和质量必须成正比关系，品质高的服装价格也会相对较高。

图9-11　休闲风格童装设计（作者：宋晶晶）

图9-12　公主风格童装设计（作者：吴燕）

图9-13　大赛童装系列设计

5. 技术定位

技术定位是指决定系列设计所使用的加工制作技术。在进行童装系列设计时，要考虑到设计的技术要求以及是否能够在现有的条件下实现等。因此尽量选用工艺简单又比较容易出效果的制作技术。创意系列设计要在可能实现的技术范围内才可自由发挥创造性，而实用系列设计则一般是在流水线制作工艺的控制之下确定服装加工技术。

三、童装系列设计的形式

组成童装系列的形式有多种，主要有以下几种最常用的系列形式。

1. 品类系列

品类系列是指从某一单品种类的角度进行系列的划分，例如T恤系列（图9-14）、牛仔裤系列、衬衣系列、裙装系列、夹克系列、套装系列等，这一系列中的所有服装都是同一品类，设计师根据风格、主题等要求，通过改变童装的局部造型、面料、比例、装饰手法等不同展开设计，这样的形式可以较容易地根据一系列设计拓展出上百种变化设计，这也是品牌童装设计中经常使用的系列形式。

图9-14 T恤系列童装

2. 款式系列

款式系列童装是指服装的款式完全相同或部分相同，以此形成系列的形式。以款式形成的系列童装包括三种形式。

一是廓形、细节都基本相同的系列，这种系列的童装一般也选择相同的面料，色彩变化是其变化的主要形式，如图9-15所示。

图9-15 款式系列童装1（作者：田家成）

二是童装的廓形完全相同或基本相同，在服装的局部结构上进行变化，使整个系列服装在保持轮廓特征一致的同时仍然有丰富的变化形式，如领口的高低、口袋的大小、袖子的长短、门襟的处理等，如图9-16所示。

图9-16　款式系列童装2（作者：李雪）

三是把童装中的某些细节作为系列元素，使之成为系列中的关联性元素来统一系列中多套服装。作为系列设计重点的细节，要有足够的设计力度以压住其他设计元素，相同或相近的内部细节通过改变大小、颜色和位置使服装产生丰富的层次和美感（图9-17）。

图9-17　款式系列童装3（作者：吴晨霞）

3. 色彩系列

色彩系列童装是品牌童装设计常见的系列形式，它是以一组色彩作为服装中的统一元素，通过色彩的重复、渐变、同类色、对比色等配置手法取得形式上的系列感。色彩的明度、纯度、冷暖色调的变化使服装既统一又有变化。在色彩系列设计中，主要考虑的是色彩之间的搭配，色彩面积的大小，以及色彩与材质的运用，服装上的款式和细节设计次之（图9-18）。

图 9-18　色彩系列童装（作者：孙梦琦）

4. 面料系列

面料系列设计更多地运用在童装大赛中，品牌童装设计主要是利用同种面料与其他面料的组合去表现系列感。此形式的系列表现中，主要靠面料自身特有的特征来造成强烈的视觉冲击，因此款式造型方面可以不受限制，色彩也可以随意应用。面料的特色有时比较鲜明，在与色彩、造型搭配时也具有较强的材质特点，例如毛皮系列、皮革系列、针织系列等（图 9-19）。

图 9-19　面料系列童装（作者：毛垚梦）

5. 工艺系列

工艺系列是比较难掌握的系列，因为它强调的是童装制作的工艺特色，如饰边、刺绣、打褶、镂空、缉明线、装饰线、结构线等，并把这些工艺特色贯穿在整个系列中，使之成为一种关联性的元素。工艺在系列服装上的应用，必须以主要形式出现，形成设计力度，成为整个系列设计的视觉点，这要求设计师对童装中的不同工艺有准确的了解和把握，并且很好地把握工艺与款式、工艺与色彩之间的关系，避免出现以其他元素为主、工艺为辅的现象（图9-20）。

图9-20　工艺系列童装（作者：赵琳）

6. 图案系列

由于儿童对图案、动画、卡通形象偏爱的特殊天性，图案系列童装常常会成为儿童消费者的首选。图案是童装设计中一个非常重要的设计元素，而且常常会成为童装的设计重点。作为童装系列元素的图案，同样应该是服装中比较突出的元素，不能仅仅作为点缀而已，比如米老鼠系列、机器猫系列，这类系列一经推出，一般都会成为爆款，因此，市面上越来越多的童装品牌和动画片联名推出图案系列（图9-21）。

图9-21　图案系列童装（作者：韦晓琳）

7. 主题系列

主题是服装设计的主要因素之一，任何设计都是对某种主题的表达。主题系列童装是在某一设计主题指导下完成的主题性系列设计。服装由款式、色彩、面料组合而成，三者要协调统一就得有一个统一元素，这个统一元素就是设计的主题内容。它使得设计围绕主题进行造型、选择材料、搭配色彩。

如主题为"疯狂动物城"，那么所有的构思与灵感都要围绕"动物"的字眼，力求体现这个主题，然后根据具体想法确定具体设计内容。比如"hello kitty"主题系列女童装，针对女孩子而设计，使用活泼可爱造型，白色、粉色的色调，时尚带有幽默感的图案和装饰，力求表现少女、童真的主题（图9-22）。

图9-22 主题系列童装（作者：郑晗珂）

第三节 系列童装设计的步骤

系列童装主题设计的过程是从理解主题或确定主题开始，设计者运用多种思维方式对设计元素进行创意组合，将设计思维通过绘画的形式表达出来，选择恰当的面料，通过合理的结构和工艺来支撑设计效果，最终完成从设计到成品的过程。童装系列设计步骤多样，这里主要针对品牌和大赛两种不同性质的设计讲解步骤。

一、品牌童装设计的步骤

系列童装设计的过程不同于单品设计，它是对组成系列元素的宏观把握和局部调节的统一与协调，使单品服装既可以组成系列而又不失其个性特征。

1. 确定系列主题或风格

系列设计首先要确定服装的主题或风格，这是系列设计的大思路，其他设计元素必须在主题或风格的控制之下进行。偏离了主题或风格的设计就像写作文偏题一样，其设计再好也是不符合要求的设计。系列童装设计可以是先主题后题材，也可以是先题材后主题，先主题后题材是针对童装品牌或各类童装设计比赛以及主题训练展开。

2. 选定系列形式

系列形式的选定是以造型款式为系列，还是以色彩或其他形式组成系列，选取的组成形式不一，所考虑的设计要素也不一样。如果以造型款式为系列，需要考虑的是整体大廓形统一还是局部的小细节统一；如果以色彩为系列，需要考虑整体色调偏冷色还是暖色，采用同类色还是对比色等。在设计前，必须理清所有的思路，避免设计思维混乱。

3. 选定其他设计元素

系列形式选定以后就可以根据所确定的形式选定其他设计元素，从服装的面辅料、色彩、结构工艺以及局部细节设计到服饰配件等的搭配，都要根据选定的系列形式进行组织。系列要素一定要与服装的主题风格和系列形式相互协调。例如以珠绣图案作为统一元素来组织系列元素，在挑选面料时就要考虑到面料对珠绣图案的适应性，什么样的结构造型更适合珠绣工艺以及细节设计与配件是否与珠绣图案风格统一、布局协调等。

4. 安排系列套数

对品牌童装企业而言，系列套数的确定是系列量化的问题，也就是确定由多少套服装组成此系列。系列有大小之分，最少是两套，一般是三套或三套以上。系列的套数与生产、成本、市场相关联，系列的套数多少完全取决于设计总监在考察完市场后，对设计师下达的设计任务的需要。小系列设计系列元素比较容易安排，系列感和视觉冲击力较弱；大系列套数较多，设计难度相对较大，对设计师的设计能力要求也高，但容易表现出强烈的系列感和设计感。

5. 拟定设计效果图

以上所有程序一经选定并在设计构思中进行了合理的组织安排后，就要用图稿的形式将每一款设计逐一画出。在画图稿的过程中要注意服装整体系列感的表现、系列元素的合理安排以及效果图整体风格的呈现。企业里面一般多采用电脑绘制的方式，清晰、快速、简洁、易修改。

二、大赛童装系列设计的步骤

近年来各种服装大赛在高校以及社会上不断举行，越来越多的设计师以及高校学生参与到其中，并在大赛中收获大奖。童装大赛不同于品牌童装设计，童装大赛主要考量设计师的创造性、市场性、流行趋势预测等各方面的潜力。

1. 理解或确立系列主题

童装大赛一般会有一个明确的大赛主题，因此，设计师要充分理解主题的含义，将主题相关的内容在头脑中逐一排列出来，并进行一场头脑风暴。从主题相关的一个点出发，对主题进行发散性、天马行空式的思考，并把整个"风暴"过程记录下来。在头脑风暴的过程中有设计灵感闪烁时，设计者要以文字、图片或手稿等形式快速记录，因为有些灵感稍纵即逝，而这些灵感很有可能形成独特的创意（图9-23、图9-24）。

图9-23 童装系列主题确定（作者：杨妍）

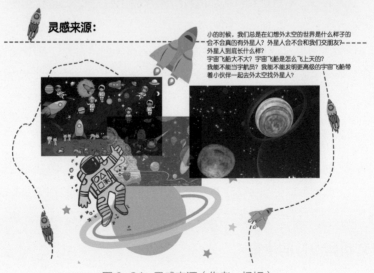

图9-24 灵感来源（作者：杨妍）

在这个过程中需要注意的是，虽然我们要尽可能以新奇的角度去诠释主题，但切不可跑题偏题，如果是参加比赛，一旦跑题，无论作品是多么出色优秀，都无缘获奖。先题材后主题的设计往往是设计者受某种物体、思绪或者某个事件等因素的影响而生成设计主题。

2.构思绘制设计草图

许多设计师在参加大赛时，容易忽略构思设计草图这个步骤，认为在资料收集丰富的情况下，可以进行最终的效果图绘制，这样的做法并不推荐，因为草图是设计的开始，是记录设计思维的内容。最后的设计成品都是在草图的基础上不断地修改和完善，没有一个设计师敢直言一件作品是没有经过修改而直接完成的。设计师需要通过绘制设计草图来体现对设计的各个要素进行延伸与组合，从大的廓形到小的细节都可以入画，需要尽可能地多画出设计方案，从中挑选出最佳的设计构思。设计草图的绘制是设计构思不断成熟化的过程（图9-25）。

图9-25 童装设计草图（作者：杨妍）

3.绘制设计效果图

童装大赛主要根据参赛者提供的最终效果图进行评分并公布入围名单，因此，绘制设计效果图至关重要。效果图是在完成设计草图的基础上，对构思方案确定后进行的下一步工作，它从多方面对设计构思进行细化并使其清晰生动地展示出来。童装大赛的效果图是将设计的系列童装通过儿童着装后的效果绘制出来。因此，绘制中需要对儿童的动态、童装细节、着装效果、绘制方法等进行斟酌，通过最为贴切和艺术化的绘画手段展示出设计者全面准确的设计思想（图9-26）。

从入围的效果图中不难发现，效果图必须有鲜明的主题氛围、突出的风格设计以及创意和市场的完美结合。这对参赛者来说是一个极好的锻炼机会，也是一个展现个人才华的绝佳舞台。

图 9-26　童装设计效果图（作者：杨妍）

◁ 4. 绘制款式图

款式图也称为平面图或工艺图。它一般不需要绘制人体，是对服装设计效果图的补充和说明。款式图按照人体的比例关系来表现，需要绘制出系列童装正背面的服装款式，细致准确地描绘服装的结构关系和工艺特征，确保打版师和工艺师能根据款式图开展工作（图 9-27、图 9-28）。值得注意的是，款式图不能像效果图一样夸张或是随意，它必须很好地体现人体结构和服装款式特征。

图 9-27　童装设计款式图 1（作者：杨妍）

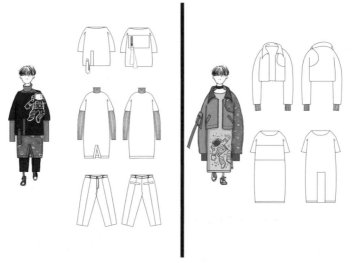

图 9-28　童装设计款式图 2（作者：杨妍）

5. 选择面料小样

选择面料小样是将用于设计中的各种类型且肌理纹样具有代表性的小块面料粘贴在设计效果图上的环节，是系列主题童装设计中对面料的思考和运用，是进行必要的展示以及权衡童装设计总体效果的参考样本（图 9-29）。

图 9-29　面料小样（作者：杨妍）

6. 编写设计说明

系列主题童装设计应有相关的文字说明和主题名称，是将设计者围绕主题展开的设计思想和内容通过简明扼要的文字加以说明。它主要包括主题名称、中心思想、灵感来源、设计对象、设计特征、工艺要求、面辅料种类等内容。

第四节 系列童装设计作品赏析

1. 案例一：Look Magazine系列童装设计

本系列童装设计见图9-30～图9-34。

作品点评：本系列设计灵感来源于热带植被，整体设计很完整；色彩上以绿色和白色为主，清新淡雅；廓形上基本采用A型，宽松舒适。衣身处有部分"破边"设计，像是植物不规则的破边造型，在简洁的服装上增加了设计亮点和创意点。

图9-30 Look Magazine 系列童装效果图（作者：顾佳慧）

图9-31 Look Magazine 设计作品1
（作者：顾佳慧）

图9-32 Look Magazine 设计作品2
（作者：顾佳慧）

图 9-33　Look Magazine 设计作品 3
（作者：顾佳慧）

图 9-34　Look Magazine 设计作品 4
（作者：顾佳慧）

2. 案例二：Childhood系列童装设计

本系列童装设计见图 9-35 ～图 9-41。

作品点评：该系列作品用不同的拼接的手法表达了儿童时代的回忆，不同色彩间的碰撞，不同面积的拼凑都体现了儿时欢快的记忆和节奏。

CHILDHOOD

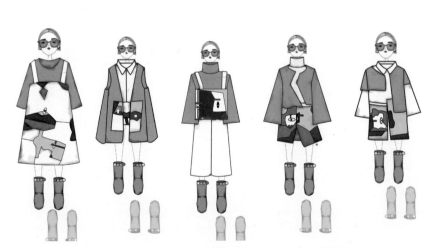

图 9-35　Childhood 系列童装效果图（作者：王惠）

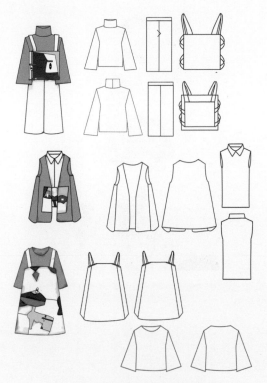

图 9-36 Childhood 童装款式图 1
（作者：王惠）

图 9-37 Childhood 童装款式图 2
（作者：王惠）

图 9-38 Childhood 设计作品 1
（作者：王惠）

图 9-39 Childhood 设计作品 2
（作者：王惠）

图 9-40　Childhood 设计作品 3
（作者：王惠）

图 9-41　Childhood 设计作品 4
（作者：王惠）

3. 案例三：Unbalanced Love系列童装设计

本系列童装设计见图 9-42 ～图 9-45。

作品点评：该系列颜色以红色为主，不对称的设计是一大亮点和特色，可以看出作者比较注重服装结构设计，不对称设计也是当下童装设计的一个潮流和趋势，作者紧扣了时尚的步伐，整体设计很成熟有一定的市场价值。

作品中运用了大量的"抽绳"设计，用"气眼"和"抽绳"对面料进行拼接设计，而不是单纯的缝制在一起。

图 9-42　Unbalanced Love 系列童装效果图（作者：关淑悦）

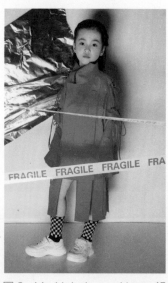

图 9-43　Unbalanced Love 设
计作品 1（作者：关淑悦）

图 9-44　Unbalanced Love 设
计作品 2（作者：关淑悦）

图 9-45　Unbalanced Love 设
计作品 3（作者：关淑悦）

4. 案例四：单色拼图系列童装

本系列童装设计见图 9-46～图 9-49。

作品点评：该系列作品颜色特别鲜艳靓丽，整体呈现出时尚的运动风。作者在设计中，采用了不同材质的对比来表现童装，有肌理的绗缝面料和无肌理的棉布、有光泽的皮料和无光泽的卫衣面料等。

图 9-46　单色拼图童装设计作品 1
（作者：计海伦）

图 9-47　单色拼图童装设计作品 2
（作者：计海伦）

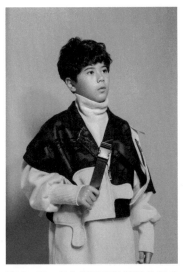

图 9-48 单色拼图童装设计作品 3
（作者：计海伦）

图 9-49 单色拼图童装设计作品 4
（作者：计海伦）

5. 案例五："静若处子，动如兔子"系列童装

本系列童装设计见图 9-50～图 9-56。

作品点评：从效果图可以看出，作者的个人风格很明显，能很好地表达服装的结构、廓形和着装后的动态效果，基本功很扎实。美中不足之处是整体排版比较花哨，背景烦琐复杂。因此，在设计排版中也要注意突出主题，不要让背景压过主体。

图 9-52 中的童装设计很成熟，有一定的市场价值，并且能在市场上推广。但是裙子的下装部分过于烦琐，应当适当减少部分设计，突出上半部分即可。

图 9-50 "静若处子，动如兔子"系列童装设计效果图
（作者：陈璐）

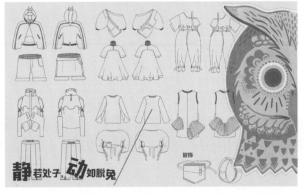

图 9-51 "静若处子，动如兔子"系列童装设计款式图
（作者：陈璐）

图 9-52 "静若处子，动如兔子"设计作品 1
（作者：陈璐）

图 9-53 "静若处子，动如兔子"设计作品 2
（作者：陈璐）

图 9-54 "静若处子，动如兔子"设计作品 3
（作者：陈璐）

图 9-55 "静若处子，动如兔子"设计作品 4
（作者：陈璐）

图 9-56 "静若处子，动如兔子"设计作品 5（作者：陈璐）

6. 案例六："儿时的年味"系列童装设计

本系列童装设计见图 9-57～图 9-59。

作品点评：此系列作品能让人感受到新年的氛围，服装中的图案来源于中国传统图案，例如舞狮。作者在借鉴了传统图案的基础上还进行了部分改良和创新，用贴布绣、珠绣等多重手法将图案创意地运用在服装中。红蓝的撞色也处理得非常好，色彩面积把握很好。

图 9-57 "儿时的年味"设计
作品 1（作者：张婕）

图 9-58 "儿时的年味"设计
作品 2（作者：张婕）

图 9-59 "儿时的年味"设计
作品 3（作者：张婕）

7. 案例七："夏日友人帐"系列童装设计

本系列童装设计见图9-60～图9-62。

作品点评：效果图整体很童趣很可爱，色彩方面把握很好，有从浅到深的变化，局部也有撞色的设计，廓形上呈现O型的大廓形，男童装和女童装的区分不是很明显。系列中有有图案的设计和无图案的设计，节奏把握很好。

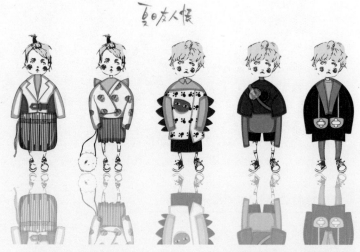

图9-60 "夏日友人帐"系列童装设计效果图（作者：楼雨琪）

图9-61 "夏日友人帐"设计作品1
（作者：楼雨琪）

图9-62 "夏日友人帐"设计作品2
（作者：楼雨琪）

8. 案例八：Grow Up系列童装设计

本系列童装设计见图9-63～图9-65。

作品点评：本系列主题为Grow Up，系列设计中，作者大胆地用到了流行的格子面料，格子面料在童装上的运用很少，但是作者把握得很好，属于很成熟稳重的设计，也很符合主题小朋友想要快快长大，变得成熟稳重的心理。

图 9-63 Grow Up 设计作品 1　　　图 9-64 Grow Up 设计作品 2　　　图 9-65 Grow Up 设计作品 3
（作者：毛垚梦）　　　　　　　（作者：毛垚梦）　　　　　　　（作者：毛垚梦）

9. 案例九："浮生"系列童装设计

本系列童装设计见图 9-66、图 9-67。

作品点评：该系列作品将书法汉字以图案的形式运用在服装中，这是一种将中华文化与服装设计结合的创新方式，体现了作者对于创新传统文化的勇敢尝试。

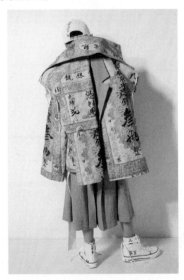

图 9-66 "浮生"设计作品 1　　　　　　图 9-67 "浮生"设计作品 2
（作者：李慧）　　　　　　　　　　（作者：李慧）

10. 案例十："我的样子"系列童装设计

本系列童装设计见图 9-68～图 9-73。

作品点评：从效果图到成衣设计上能看出，本系列在风格上属于简洁风，没有过多的图案装饰和结构处理，但是整体效果给人很干净、明朗。系列主题是"我的样子"，作者也是运用了这种简洁的手法来表达儿童内心世界的纯真与善良，没有过多复杂的东西来干扰。

图 9-68 "我的样子"系列童装设计效果图（作者：李怡坪）

图 9-69 "我的样子"设计作品 1
（作者：李怡坪）

图 9-70 "我的样子"设计作品 2
（作者：李怡坪）

图 9-71 "我的样子"设计作品 3
（作者：李怡坪）

图 9-72 "我的样子"设计作品 4
（作者：李怡坪）

图 9-73 "我的样子"设计作品 5
（作者：李怡坪）

11. 案例十一："彩色人生"系列童装设计

本系列童装设计见图 9-74 ～图 9-76。

作品点评：本系列服装款式很简单，但是作者在服装上运用了面料再造的手法来增加服装的亮点，简单的款式与面料再造的结合，能让人一瞬间抓住重点，这得借鉴和学习。

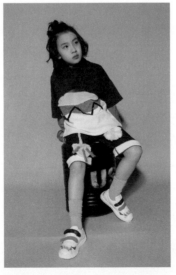

图 9-74 "彩色人生"设计作品 1
（作者：倪璐璐）

图 9-75 "彩色人生"设计作品 2
（作者：倪璐璐）

图 9-76 "彩色人生"设计作品 3
（作者：倪璐璐）

参考文献

[1] 李正，徐崔春，李玲等．服装学概论 [M]．第 2 版．北京: 中国纺织出版社，2014.

[2] 崔玉梅，刘晓刚．童装设计 [M]．第 2 版．上海: 东华大学出版社，2015.

[3] 米雅明．童装设计 [M]．北京: 北京师范大学出版社，2014.

[4] 刘晓刚．童装设计 [M]．上海: 东华大学出版社，2008.

[5] 田琼．童装设计 [M]．北京: 中国纺织出版社，2015.

[6] 朱松文，刘静伟．服装材料学 [M]．第 4 版．北京: 中国纺织出版社，2010.

[7] 陈彬，彭灏善．服装色彩设计 [M]．第 2 版．上海: 东华大学出版社，2012.

[8] 孟昕．服饰图案设计 [M]．上海: 上海人民美术出版社，2016.

[9] 周丽娅，胡小冬．系列童装设计 [M]．北京: 中国纺织出版社，2003.

[10] 徐雯．服饰图案 [M]．北京: 中国纺织出版社，2000.

[11] 张文斌．服装工艺学·结构设计分册 [M]．北京: 中国纺织出版社，2001.

[12] 刘金花．儿童发展心理学 [M]．上海: 华东师范大学出版社，2006.

[13] 李超德．设计美学 [M]．合肥: 安徽美术出版社，2004.

[14] 李莉婷．服装色彩设计 [M]．北京: 中国纺织出版社，2000.

[15] 徐青青．服装设计构成 [M]．北京: 中国轻工业出版社，2001.

[16] 郑健等．服装设计学 [M]．北京: 中国纺织出版社，1993.

[17] 包昌法．服装学概论 [M]．北京: 中国纺织出版社，1998.

[18] 黄国松．色彩设计学 [M]．北京: 中国纺织出版社，2001.

[19] 张德兴．美学探索 [M]．上海: 上海大学出版社，2002.

[20] 沈从文．中国古代服饰研究 [M]．北京: 商务印书馆，2017.

[21] 钟茂兰，范朴．中国服饰文化 [M]．北京: 中国纺织出版社，2005.

[22] 吴俊．男童童装结构设计应用 [M]．北京: 中国纺织出版社，2001.

[23] 史蒂文·费尔姆．国际时装设计基础教程 [M]．陈东维译．北京: 中国青年出版社，2011.

[24] 西蒙·希弗瑞特．时装设计元素：调研与设计 [M]．袁燕，肖红译．北京: 中国纺织出版社，2009.

[25] 王受之．世界时装史 [M]．北京: 中国青年出版社，2002.

[26] 马芳，李晓英，侯东昱．童装结构设计与应用 [M]．北京: 中国纺织出版社，2011.

[27] 江汝南．服装电脑绘画教程 [M]．北京: 中国纺织出版社，2013.

[28] 陈建辉．服饰图案设计与应用 [M]．北京: 中国纺织出版社，2006.

[29] 李当岐．西洋服装史 [M]．北京: 高等教育出版社，1995.

[30][美] 弗龙格．穿着的艺术 [M]．南宁: 广西人民出版社，1989.

[31] 陈晓霞．奢侈品童装品牌的整合营销传播策略研究 [D]．北京: 北京服装学院，2016.

[32] 范玲莺．"巴拉巴拉"童装品牌的扩展延伸研究 [D]．杭州: 浙江理工大学，2015.

[33] 郄晨微．中国童装市场发展现状分析 [J]．纺织科技进展，2016，（4）:4-6.

[34] 储咏梅．关于童装消费市场的调查及营销策略研究 [J]．山东纺织经济，2005，（2）:29-31.

[35] 乔南，刘红庆．试论我国童装品牌之发展 [J]．东华大学学报，2006，6（2）:55-59.